Python 机器学习

林耿 主 编

赖军将 罗金炎 徐海平 柯小玲 陈翔 副主编

电子工业出版社
Publishing House of Electronics Industry
北京·BEIJING

内 容 简 介

机器学习是人工智能的核心，也是数据科学的关键技术之一。本书以 Python 语言为基础从理论和实践两个层面介绍了机器学习的各种方法。全书共 10 章，内容涉及了解机器学习、线性回归、模型评估与选择、特征提取与降维、无监督学习、关联规则及推荐算法、启发式学习、集成学习、强化学习及人工神经网络等。每章都有对应的实例供实践参考。

本书可作为人工智能、数据科学及大数据技术、应用统计学、数学与应用数学等相关专业的入门教材，也可供相关专业的技术人员参考。

未经许可，不得以任何方式复制或抄袭本书之部分或全部内容。
版权所有，侵权必究。

图书在版编目（CIP）数据

Python 机器学习 / 林耿主编. —北京：电子工业出版社，2021.7
ISBN 978-7-121-41190-8

Ⅰ. ①P… Ⅱ. ①林… Ⅲ. ①软件工具－程序设计－高等学校－教材②机器学习－高等学校－教材
Ⅳ. ①TP311.561

中国版本图书馆 CIP 数据核字（2021）第 093765 号

责任编辑：刘小琳　　特约编辑：武瑞敏
印　　刷：三河市鑫金马印装有限公司
装　　订：三河市鑫金马印装有限公司
出版发行：电子工业出版社
　　　　　北京市海淀区万寿路 173 信箱　邮编 100036
开　　本：787×1 092　1/16　印张：17　字数：356 千字
版　　次：2021 年 7 月第 1 版
印　　次：2021 年 7 月第 1 次印刷
定　　价：68.00 元

凡所购买电子工业出版社图书有缺损问题，请向购书店调换。若书店售缺，请与本社发行部联系，联系及邮购电话：（010）88254888，88258888。
质量投诉请发邮件至 zlts@phei.com.cn，盗版侵权举报请发邮件至 dbqq@phei.com.cn。
本书咨询联系方式：liuxl@phei.com.cn，（010）88254538。

前　言

本书是关于学习机器学习的入门图书。机器学习已经成为当今社会中最能激发人们兴趣的技术之一，全球各地众多有实力的公司和科研机构都投入了大量人力、物力用于对机器学习理论及应用的研究。机器学习是指让计算机具有人类的思考和学习能力的技术的总称。近年来，随着信息技术及计算机软硬件的发展，机器学习领域的研究取得了巨大的进步。

目前，市场上有不少的机器学习书籍可供选择，它们大都注重算法原理和数学理论，较少地讨论如何对算法进行编程实现。本书的目的是构建从矩阵形式的算法到实际功能程序的桥梁。考虑这一点，本书对数学理论的论述较少，而偏重于代码实现。

本书向读者介绍多种机器学习算法，以及使用这些算法的工具和应用程序，以使读者了解它们在今天的实践中是如何使用的。本书使用的是 Python 编程语言，它在过去被称为"可执行的伪代码"。熟悉 Python 编程方法对体验示例代码大有裨益，而且学习 Python 并不难。

本书共 10 章。第 1 章介绍机器学习的基本概念和理论，并介绍了机器学习的 Python 软件环境的准备。第 2 章介绍几个常用的分类与回归算法及经典的案例实践。第 3 章介绍误差和过拟合的基本概念，以及模型评估的留出法和交叉验证法，再详细地描述性能度量中各模型泛化能力的评估指标。第 4 章介绍过滤法、封装法、嵌入法三种特征提取的方法，以及目前主流的特征降维方法，并详细描述了特征提取与降维的细节。第 5 章介绍无监督学习几种常见的聚类算法，同时描述了常用聚类性能度量的外部指标和内部指标。第 6 章介绍关联规则的概念及其运用，还讲解了几种传统推荐方法的原理及与这些推荐方法相契合的应用场景。第 7 章介绍传统启发式算法的原理及基于 Python 语言的编程实现。第 8 章介绍集成学习的基本概念、集成学习的相关算法和学习策略，以及经典案例实践。第 9 章介绍强化学习的相关概念，以及目前主流的强化学习模型和原理。第 10 章介绍人工神经的相关概念和原理，并在此基础上详细分析了递归神经网络、卷积神经网络的原理，同时给出了经典的案例实践。

在本书的编写过程中，我们参阅了国内外一些经典著作和期刊论文，同时参考了国内外部分互联网网站的信息，在此向有关作者表示感谢！在本书的编写过程中，得到了福建师范大学陈志德教授、电子工业出版社董亚峰同志的帮助，他们为完善本书付出了很多努力。另外,在本书编写过程中,还得到了华纳信息科技有限公司、中锐网络股份有限公司、广州泰迪智能科技有限公司等企业的大力支持,在此一并表示感谢!

  由于时间和水平所限,书中难免会有不当之处,希望同行和读者多加指正。

编 者
2021 年 1 月

目　录

第1章　了解机器学习 ··· 001

1.1 机器学习的基本术语 ··· 001
    1.1.1 大数据相关概念 ··· 001
    1.1.2 机器学习的发展历程概述 ·· 003
    1.1.3 机器学习的应用现状 ··· 003

1.2 机器学习的基本流程 ··· 004

1.3 机器学习的发展现状 ··· 006

1.4 机器学习的环境搭建 ··· 008
    1.4.1 Anaconda ·· 008
    1.4.2 PyCharm ··· 014
    1.4.3 汉诺塔案例 ··· 018
    1.4.4 机器学习常用 package 的安装与介绍 ······························ 020

第2章　线性回归 ·· 023

2.1 线性回归与逻辑回归 ··· 023
    2.1.1 线性回归模型 ··· 023
    2.1.2 优化方法 ·· 024
    2.1.3 损失函数 ·· 024
    2.1.4 损失函数的优化 ·· 025
    2.1.5 过拟合和欠拟合 ·· 027
    2.1.6 利用正则化解决过拟合问题 ··· 028
    2.1.7 逻辑回归 ·· 028
    2.1.8 逻辑回归的损失函数 ··· 029
    2.1.9 逻辑回归实现多分类 ··· 031
    2.1.10 逻辑回归与线性回归的比较 ··· 031

2.2 决策树 ·· 032
    2.2.1 决策树的建立 ··· 032
    2.2.2 剪枝 ··· 037

2.2.3　CART 剪枝 ·· 038
2.3　贝叶斯分类器 ··· 038
　　2.3.1　贝叶斯最优分类器 ··· 039
　　2.3.2　极大似然估计 ··· 040
　　2.3.3　朴素贝叶斯分类器 ··· 040
2.4　支持向量机 ··· 041
　　2.4.1　支持向量机的原理 ··· 041
　　2.4.2　线性可分支持向量机 ··· 042
　　2.4.3　非线性支持向量机和核函数 ··· 044
　　2.4.4　线性支持向量机与松弛变量 ··· 045
2.5　案例 ·· 046
　　2.5.1　线性回归案例 ··· 046
　　2.5.2　逻辑回归案例 ··· 050
　　2.5.3　决策树分类案例 ··· 055
　　2.5.4　支持向量机分类案例 ··· 060

第 3 章　模型评估与选择 ··· 067

3.1　经验误差和过拟合 ·· 067
　　3.1.1　从统计学的角度介绍模型的概念 ··· 067
　　3.1.2　关于误差的说法 ··· 068
　　3.1.3　统计学中的过拟合 ··· 069
　　3.1.4　机器学习中的过拟合与欠拟合 ··· 070
3.2　模型验证策略 ··· 072
　　3.2.1　留出法 ·· 072
　　3.2.2　交叉验证法 ·· 075
3.3　模型的性能度量 ·· 079
　　3.3.1　基本概念 ·· 079
　　3.3.2　性能度量 ·· 080
　　3.3.3　回归性能度量指标 ··· 081
　　3.3.4　回归问题的评估方法 ··· 085

第 4 章　特征提取与降维 ··· 089

4.1　特征提取方法——过滤法 ··· 089
　　4.1.1　过滤法的原理及特点 ··· 089

	4.1.2 过滤法的基本类型	090
	4.1.3 过滤法的具体方法	090
4.2	特征提取方法——封装法	094
	4.2.1 封装法的思想	094
	4.2.2 封装法的代表方法	094
4.3	特征提取方法——嵌入法	095
	4.3.1 嵌入法的思想	095
	4.3.2 嵌入法的代表方法	095
4.4	K-近邻学习	095
	4.4.1 K-近邻学习简介	095
	4.4.2 KNN 模型	096
	4.4.3 KNN 模型举例	097
	4.4.4 KNN 模型的特点	098
4.5	主成分分析	098
	4.5.1 主成分分析的定义	098
	4.5.2 主成分分析原理	099
4.6	K-近邻学习案例	101
	4.6.1 实验步骤	101
	4.6.2 实验结果	104
4.7	主成分分析案例（PCA 降维）	106
	4.7.1 实验步骤	106
	4.7.2 实验结果	107
	4.7.3 PCA 参数介绍	108

第 5 章 无监督学习 110

5.1	K-means 聚类模型	110
	5.1.1 无监督学习	110
	5.1.2 聚类简介	111
	5.1.3 K-means 聚类模型原理	112
5.2	基于层次的分群	115
	5.2.1 层次聚类简介	115
	5.2.2 层次聚类的原理	117
5.3	基于密度的分群	122
	5.3.1 DBSCAN 算法介绍	122

5.3.2 DBSCAN 算法评价 124
5.4 聚类模型性能度量 127
5.4.1 聚类结果好坏的评估指标 127
5.4.2 距离度量 129
5.5 案例分析 130
5.5.1 二分 K-means 聚类案例 130
5.5.2 基于 DBSCAN 和 AGNES 算法的聚类 134

第 6 章 关联规则及推荐算法 139

6.1 关联规则 139
6.1.1 关联规则简介 139
6.1.2 关联规则相关术语 140
6.1.3 关联规则算法 142
6.2 Apriori 算法简介 143
6.3 基于内容的过滤和协同过滤 145
6.3.1 基于内容的过滤 145
6.3.2 基于协同过滤的推荐 146
6.3.3 基于用户的协同过滤 147
6.3.4 推荐算法的条件 147
6.4 基于项目的协同过滤 150
6.4.1 协同过滤简介 150
6.4.2 协同过滤算法的主要步骤 151
6.4.3 应用场景 153
6.4.4 基于人口统计学的推荐机制 154
6.5 案例分析 155
6.5.1 Apriori 算法的实验步骤 155
6.5.2 基于用户的协同过滤算法的实验步骤 158
6.5.3 基于项目的推荐算法的实验步骤 164

第 7 章 启发式学习 167

7.1 启发式学习的介绍 167
7.1.1 搜索算法 167
7.1.2 预测建模算法 168
7.2 爬山算法 168

目录

- 7.2.1 爬山算法的描述 ················· 168
- 7.2.2 爬山算法优缺点的分析 ··········· 169
- 7.3 遗传算法 ····························· 169
  - 7.3.1 遗传算法概述 ················· 169
  - 7.3.2 遗传算法的过程 ··············· 170
  - 7.3.3 遗传算法实例 ················· 170
- 7.4 模拟退火 ····························· 176
  - 7.4.1 模拟退火算法简介 ············· 176
  - 7.4.2 模拟退火参数控制 ············· 177
  - 7.4.3 模拟退火算法的步骤 ··········· 178
- 7.5 粒子群算法 ·························· 179
  - 7.5.1 粒子群算法简介 ··············· 179
  - 7.5.2 粒子群算法的流程 ············· 179
- 7.6 案例分析 ····························· 181
  - 7.6.1 粒子群算法案例 ··············· 181
  - 7.6.2 爬山算法案例 ················· 185
  - 7.6.3 遗传算法案例 ················· 187
  - 7.6.4 退火算法案例 ················· 191

第 8 章 集成学习 ·························· 194

- 8.1 集成学习的基本术语 ················ 194
  - 8.1.1 集成学习的相关概念 ··········· 194
  - 8.1.2 集成学习的分类 ··············· 195
- 8.2 Boosting 算法 ······················ 196
- 8.3 AdaBoost 算法 ······················ 197
- 8.4 Bagging 算法 ······················· 199
- 8.5 随机森林 ····························· 200
- 8.6 结合策略 ····························· 201
- 8.7 集成学习案例 ························ 203
  - 8.7.1 随机森林案例 ················· 203
  - 8.7.2 AdaBoost 案例 ················ 208

第 9 章 强化学习 ·························· 214

- 9.1 强化学习概述 ························ 214

9.1.1 强化学习的定义 ... 214
9.1.2 强化学习的特点 ... 215
9.2 K-摇臂赌博机模型 ... 216
9.2.1 K-摇臂赌博机简介 ... 216
9.2.2 ε-贪心算法 ... 217
9.2.3 Softmax 算法 ... 218
9.3 策略迭代原理 ... 218
9.3.1 马尔可夫决策过程 ... 218
9.3.2 价值函数 ... 219
9.3.3 策略迭代法 ... 220
9.4 蒙特卡罗强化学习 ... 221
9.4.1 蒙特卡罗方法的基本思想 ... 221
9.4.2 强化学习中的蒙特卡罗方法 ... 222
9.4.3 蒙特卡罗策略估计 ... 222
9.5 时序差分学习 ... 223
9.5.1 TD(1)算法 ... 224
9.5.2 TD(λ)、TD(0)算法 ... 225
9.6 Q-Learning 算法案例实战 ... 226
9.7 基于 Sarsa 的宝藏探索 ... 229

第 10 章 人工神经网络 ... 238

10.1 人工神经元模型 ... 238
10.1.1 人脑生物神经元概述 ... 238
10.1.2 人工神经元模型概述 ... 239
10.1.3 常见的激活函数 ... 240
10.2 多层感知器 ... 241
10.2.1 单层感知器简述 ... 241
10.2.2 多层感知器 ... 242
10.2.3 多层感知器的功能 ... 243
10.3 误差反向传播算法原理 ... 244
10.3.1 预定义 ... 244
10.3.2 各层信号之间的数学关系 ... 244
10.3.3 误差反向传播算法 ... 245
10.3.4 误差反向传播算法的改进 ... 245

10.4 递归神经网络 ·· 246
    10.4.1 递归神经网络简介 ·· 246
    10.4.2 RNN 的原理 ·· 247
10.5 卷积神经网络 ·· 249
    10.5.1 卷积神经网络（CNN）概述 ·· 249
    10.5.2 CNN 的基本组成结构 ·· 249
    10.5.3 卷积神经网络的特点 ·· 251
10.6 CNN 实例 ··· 252
    10.6.1 前期准备 ·· 252
    10.6.2 数据预处理 ··· 253
    10.6.3 网络搭建 ·· 254
    10.6.4 模型训练 ·· 256
10.7 RNN 实例 ··· 258
    10.7.1 前期准备 ·· 258
    10.7.2 创建 RNN 模型 ·· 259

第1章 了解机器学习

本章学习目标
- 了解机器学习的基本概念。
- 了解机器学习的发展历程及研究的现状。
- 掌握 Python 的使用。
- 了解常用的机器学习库。

本章先介绍机器学习中涉及的术语,以及机器学习的发展历程和近些年机器学习的实战运用,然后描述 Python 在机器学习中的优势,并通过若干小实验进行讲解。

1.1 机器学习的基本术语

1.1.1 大数据相关概念

1. 机器学习

机器学习是人工智能(Artifical Intelligence,AI)的一种应用,它使系统能够自动学习并从经验中进行改进,而无须进行明确的编程。机器学习专注于计算机程序的开发,该程序可以访问数据并使用数据自己学习。机器学习是计算机科学的一个子领域,它是从人工智能中的模式识别和计算学习理论的研究发展而来的。机器学习探索了可以从数据中学习并做出预测的算法的构建和研究。从实践的角度来讲,机器学习就是通过从数据中探究符合实际情景的逻辑或规则,并根据拟合对新数据来进行预测的算法。若要讨论算法的相对优劣,则必须要针对具体的学习问题。

机器学习的目标就是通过从训练数据中学习得到的模型能够较好地适用于测试数据样本，不仅在训练样本上工作得很好，即便是对聚类这样的无监督学习任务，也希望模型能适用于未在训练集中出现的样本。

2. 机器学习的基本术语

数据集中的每个记录称为一个样本或示例。样本属性张成的空间称为属性空间，每个样本对应样本空间中的一个点。对于属性空间，将每个属性设定为一个维度，每个样本都有一个坐标，因此，一个样本实例为一个特征向量。

机器学习模型可以是机器学习实现过程的数学表示，可看作预定义算法在数据集和参数空间的实例化。通过向机器学习算法提供训练数据，以供其学习来完成机器学习模型的过程称为"学习"或"训练"，训练得到的模型对应了训练集中所包含的一些潜在的规律，训练过程的输出就是一个机器学习模型，进而可以使用该模型进行预测。训练集通常是样本空间中的一个采样。使用训练后的模型对未经过训练的样本进行预测的过程称为"测试"，被测试的样本称为测试样本。

机器学习任务通常根据学习系统可用的学习"信号"或"反馈"的性质分为三大类：监督学习、无监督学习和强化学习。监督学习是向计算机提供示例输入及其期望的输出，目标是学习将输入映射到输出的一般规则，代表算法有分类算法和回归算法。当输出基于连续变量为实值时，使用回归算法；在分类问题中，更偏向于将数据分类到预定义的类中。在无监督学习中，由于没有为学习算法提供标签，因此仅靠学习算法来查找输入中的结构。无监督学习本身可以是目标（发现数据中的隐藏模式），也可以是达到目的的手段。监督学习和无监督学习的区别在于根据训练数据是否含有标签。强化学习采用奖励和惩罚系统来使计算机自行解决问题。人类的参与仅限于改变环境和调整奖惩制度，随着计算机最大化奖励，它倾向于寻求意想不到的方式来实现它，人类的参与集中在防止其利用系统并激发机器以预期的方式执行任务。

我们可以将学习过程看作在一个所有的假设组成的空间中进行搜索的过程，搜索目标是找到与训练集匹配的假设，即能够将训练集中的训练样本判断正确的假设。在机器学习中，通过学习使得模型适用于新样本的能力，称为"泛化"能力。通常在训练机器学习模型时，人们不仅希望它能学习对训练数据进行建模，更希望将其推广到以前从未见过的数据。一般而言，训练样本越多，获得的关于数据分布模型的信息越多，这样就越有可能通过学习获得具有强泛化能力的模型。但是，如果模型在训练集上表现良好，却泛化效果很差，就表明模型是过拟合的。

总之，学习的目标就是泛化，即通过对训练集中的训练样本进行学习以获得对测试集进行判断的能力。偏差定义为预测值与真实值之间的均方差，它衡量模型对数据的拟合程度，零偏差意味着该模型完美地捕获了真实的数据生成过程。训练和验证损失都将为零。但是，这是不现实的，因为实际上数据几乎总是嘈杂的，所以不可避免地会出现一些偏差。

1.1.2 机器学习的发展历程概述

机器学习是人工智能研究发展到一定阶段的必然产物。从 20 世纪 50 年代至今，主要经历了三大阶段。

第一阶段为 20 世纪 50~70 年代，人工智能研究处于"推理期"，当时的主流技术为基于符号知识表示的演绎推理技术的应用，在该阶段已经出现了机器学习的相关研究，代表成果为西洋跳棋程序的出现。到了 20 世纪 50 年代中后期，基于神经网络的"连接主义"学习进入人类的视野，F. Rosenblatt 使用感知机来解决线性分类问题，但仍无法解决异或逻辑。要使机器具有智能，就必须设法使机器拥有知识。到了 20 世纪六七十年代，基于逻辑表示的"符号主义"学习技术蓬勃发展。例如，P. Winston 的结构学习系统、R. S. Michalski 的基于逻辑的归纳学习系统，以及 E. B. Hunt 的概念学习系统，同时出现的有决策树的学习算法、强化学习技术及一些统计学习理论的初步成果，如支持向量、结构化最小风险等理论的研究。

第二阶段为 20 世纪 70~80 年代，人工智能进入了"知识期"，在该时期，主流技术为基于符号表示，通过获取和利用领域知识来建立专家系统。此时，机器学习也发展为一个独立的学科领域并开始快速发展，同时是各种机器学习技术蓬勃发展的时期。人们开始对学习方式进行分类，包括机械学习、示教学习、类比学习、归纳学习等。主流技术之一为从样例中学习的符号主义学习技术和基于逻辑学习技术，代表成果为决策树算法及归纳逻辑程序的设计。主流技术之二为基于神经网络的连接主义学习，此时的连接主义最大的局限性在于调参过程中的试错性，参数的调节缺乏科学的理论指导。

第三阶段为 20 世纪 80 年代至今，此时期为人工智能的"学习期"，在该时期，统计学习、深度学习理论逐渐成熟。

1.1.3 机器学习的应用现状

机器学习最初是一个面向学术的领域，但是如今，它在零售、医疗保健、金融等不同领域中变得越来越普遍。近年来，大型数据集的可用性及算法的改进和计算能力的指数级增长导致对机器学习这一话题的兴趣空前高涨。如今，机器学习算法已成功用于大型特别是高维度输入数据集的分类、回归、聚类或降维任务。事实证明，机器学习在许多领域（如玩游戏）具有超人类的能力，如自动驾驶汽车、图像分类等。机器学习算法为人们日常生活中的大部分工作提供了支持，如图像和语音识别、网络搜索、欺诈检测、电子邮件/垃圾邮件过滤、信用评分等。

在过去的10年中，机器学习技术被广泛应用于大量复杂的数据密集型领域，如医学、天文学、生物学等，因为这些技术为挖掘隐藏在数据中的信息提供了可能的解决方案。但是，用于训练较大模型（如神经网络）的输入随参数数量呈指数增长。由于对训练数据进行处理的需求已经超过了计算机计算能力的增长，因此需要在多台机器之间分配机器学习工作量，并将集中式系统变成分布式系统。

机器学习是一个研究领域，主要的研究集中于理论、性能、学习系统和算法的性质等方面，它是一个高度跨学科的领域，建立在许多不同领域的思想上，如人工智能、优化理论、信息论、统计学、认知科学、最优控制，以及许多其他科学、工程和数学学科。机器学习由于其应用范围广泛，几乎覆盖了所有的科学领域，给科学和社会带来了巨大的影响，它已经被应用于各种各样的问题，包括推荐引擎、识别系统、信息学和数据挖掘，以及自主控制系统。

1.2 机器学习的基本流程

1. 数据收集与需求分析

图1-1展示了机器学习的一般流程。在机器学习中都存在着一个共识，即"数据决定了机器学习的上界，而模型和算法只是逼近这个上界"。由此可知，数据的质量、数据的大小都影响着机器学习的实现效果，因此数据收集的过程也至关重要。数据收集是以一种既定的系统方式收集和衡量有关变量的信息的过程，使人们能够回答陈述的研究问题，检验假设并评估结果，而需求分析是一种估计或寻找特定市场中客户对产品或服务的需求的研究。

2. 数据预处理

当谈论数据时，人们经常会想到一些具有大量的行和列的大型数据集，尽管这是一种可能的情况，但数据还存在许多不同的形式，如结构化表、图像、音频文件、视频等。可是，机器无法理解自由文本、图像或视频数据，而只能理解1和0。因此，在任何机器学习过程中，数据预处理都是对数据进行转换或编码的步骤，以使其处于机器可以轻松解析的状态。换句话说，算法可以轻松地解释数据的特征。

3. 特征工程

具有高维特征的数据集在当今变得越来越普遍，这挑战了当前的学习算法从数据中提取和组织区分性信息。数据特征的高维性是处理大量数据时必须考虑的问题之一。考虑数据维数的约简，其中特征选择是非常重要的，通常采用特征选择和提取算法，另一个有效的考虑是数据的结构和特定特性。

4. 算法建模

经过数据处理后，就可以选择合适的机器学习模型进行数据的训练。不同的机器学习算法适用的场景也不同，一个常见的问题是："我应该使用哪种机器学习算法？"事实上，算法的选择取决于许多因素，主要可以归纳为几个方面：数据集的大小；输出可解释性；速度或训练时间。通过尝试一堆算法并比较它们的性能，以选择适合特定任务的最佳算法。另外，也可以尝试集成方法，因为它们通常可以提供更好的准确性。

5. 模型评估

模型评价主要是指从不同的维度去评估模型，测试机器学习或深度学习模型的性能。针对不同的模型的类型及其应用场景构建不同维度的评估体系。常见的评价术语有混淆矩阵、准确性、精确、召回、特异性、F1分数、ROC曲线等，在第3章中将会具体介绍这些评价指标的原理及使用。在模型评价阶段通常不再进行参数调整，而是按照既定的评价标准评估模型的预测能力。

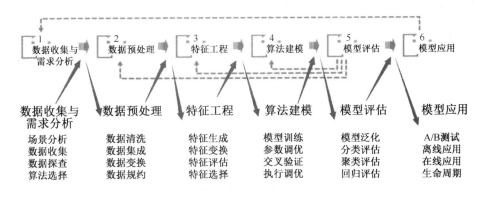

图 1-1　机器学习流程

推荐阅读资料：《数学之美》，吴军著，该书以通俗易懂的方式讲述了数学在机器学习和自然语言处理等领域的应用；《机器学习及其应用》，周志华、杨强主编，这本书介绍了很多机器学习前沿的具体的应用。

机器学习更深入的内容可以看 *Foundations of Statistical Natural Language Processing*，该书为自然语言处理领域公认的经典，想要更加深入地研究自然语言处理可以参考本书。*Statistical Learning Theory* 为 Vapnik 所著，是统计学界的权威，他所著的 *The Nature of Statistical Learning Theory* 也是统计学习研究不可多得的好书，书中的内容详细，专业性较强，适合有一定高等数学基础的读者学习。

1.3 机器学习的发展现状

人工智能（AI）和机器学习（ML）是 IT 行业的新兴黑手。在有关其开发安全性的讨论不断升级的同时，开发人员扩大了人工智慧的能力。如今，人工智能已经远远超出了科幻小说的构想。由于数据分析处理数量和强度都大大增加，AI 被广泛应用于处理和分析大量数据，并帮助处理无法手动完成的工作。例如，将人工智能应用于分析中以建立预测，以帮助人们制定强有力的战略并寻找更有效的解决方案；金融科技将 AI 应用于投资平台，以进行市场研究并预测在何处投资以获取更大利润；旅游行业使用 AI 提供个性化建议或启动聊天机器人，并增强整体用户体验。这些实例表明，AI 和 ML 用于处理数据负载，能够提供更好的用户体验，以及更个性化和准确的数据。使用 Python 来构建机器学习的实验环境更是最具有潜力的应用。来自 IBM 机器学习部门的 Jean Francois Puget 表示，Python 是 AI 和 ML 最受欢迎的语言。

机器学习流行语言如图 1-2 所示。

由图 1-2 可知，Python 在机器学习实战中确实占据着很大比重。Python 在机器学习实战中的优势主要表现在以下几个方面。

（1）Python 强大的依赖库生态系统。库的绝佳选择为 Python 是 AI 最受欢迎的编程语言的主要原因之一。库是由不同来源发布的一个或一组模块，其中包括一个预先编写的代码段，该代码段允许用户使用某些功能或执行不同的操作。Python 库提供基本级别的项目，因此开发人员不必每次都从头编写代码。这里介绍一些常见的用于 ML 和 AI 的库：Scikit-learning 处理基本的 ML 算法，如聚类、线性和逻辑回归、分类等。Pandas 用于高级数据结构和分析，并允许合并和过滤数据，以及从其他外部来源（如 Excel）收集数据。Keras 适用于深度学习，通过调用 CPU 或 GPU 进行快速的计算和原型制作。TensorFlow 通过训练和利用具有大量数据集的人工神经网络进行深度学习。Matplotlib 用于创建 2D 图，以及图表和其他形式的可视化。NLTK 用于处理计算语言学，进行自然语言识别和处理。类似的库还有很多，如用于无人监督和强化学习的 PyBrain、用于深度学习的 Caffe、用于统计算法和数据探索的 StatsModels 等。这些库都可以通过 Pip 或 Anaconda 进行安装，并在 Python 中进行调用。

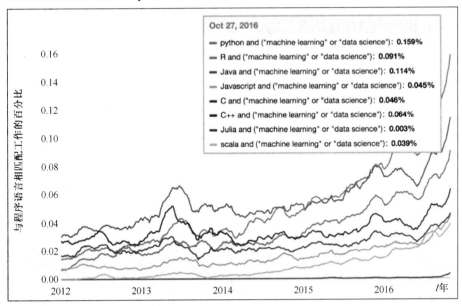

图 1-2　机器学习流行语言

（2）Python 在企业中更为流行的一个主要原因在于入学门槛相对其他语言而言较低。在 ML 和 AI 行业工作意味着需要以最方便、最有效的方式来处理大量数据。由此使更多的数据科学家可以快速选择 Python 并开始将其用于 AI 开发，而不会在学习该语言上花费过多精力。Python 的灵活性较高，使其深受 AI 工程师喜爱。同时，程序员可以结合使用 Python 和其他语言来实现他们的目标，并且 Python 的灵活性可以使开发人员选择自己完全满意的编程样式，甚至可以结合使用这些样式以最有效的方式解决不同类型的问题，并且降低了过程中出错的可能性。

（3）用于机器学习开发的 Python 可以在任何平台上运行，包括 Windows、MacOS、Linux、UNIX 和其他 21 个平台，并且 Python 非常易于阅读，因此每个 Python 开发人员都可以理解同行的代码并进行更改、复制或共享。此外，没有混乱、错误或冲突的范式，这使得 AI 和 ML 专业人员之间可以更有效地交换算法、思想和工具。

由于上述优点，Python 在机器学习的工作者中越来越受欢迎。根据 StackOverflow 的说法，Python 的流行度将会继续增长。

1.4 机器学习的环境搭建

1.4.1 Anaconda

本节介绍 Anaconda 3 的下载与安装。Anaconda 是一个开源的 Python 发行版本,其包含了 conda、Python 等 180 多个科学包及其依赖项。其中所包含的 Jupyter Notebook 是数据挖掘领域中最热门的工具。进入 Anaconda 的官网进行下载,如图 1-3 所示。

图 1-3 Anaconda 的官网

(1)如图 1-4 所示,单击"Download"→"Windows"→"64/32 bit Graphical Installer"超链接,版本的选择根据所使用的系统及其版本进行确定。

(2)软件的安装和环境的配置。具体操作为:首先单击如图 1-5 中所示的"I Agree"按钮,然后在图 1-6 所示的窗口中选中"Just Me"单选按钮,并单击"Next"按钮。若你的计算机中有多个用户,则选中"All Users"单选按钮。

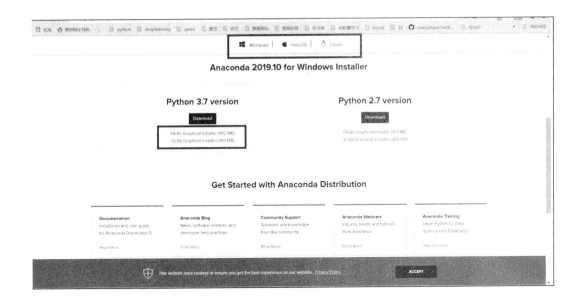

图 1-4　Windows 版的 Anaconda 版本

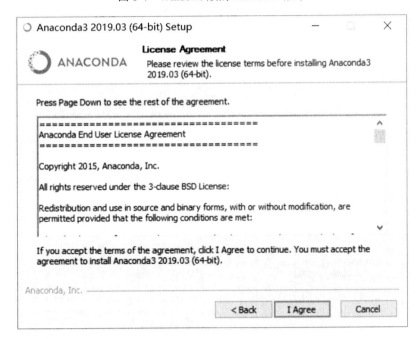

图 1-5　安装 Windows 版的 Anaconda（1）

（3）选择安装的位置。由于安装包较小，一般为 2~3GB（若 C 盘容量足够，则建议选择默认的安装位置），因此选择默认的地址，然后单击图 1-7 所示窗口中的"Next"按钮。

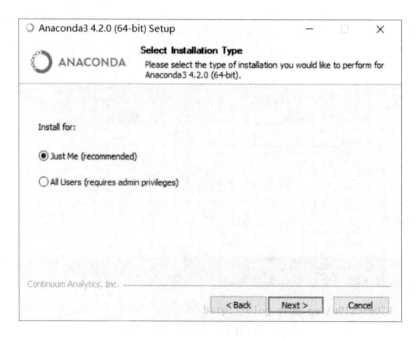

图 1-6　安装 Windows 版的 Anaconda（2）

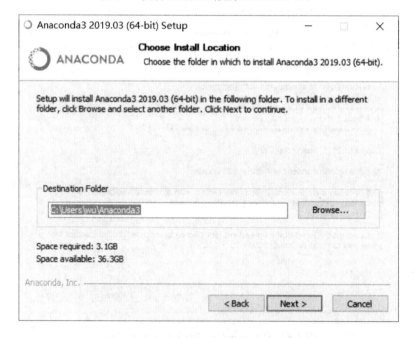

图 1-7　安装 Windows 版的 Anaconda（3）

（4）配置环境变量。选择两个默认的选项即可，第一个是加入环境变量，第二个是默认使用 Python 3.5。单击如图 1-8 中所示的"Install"按钮，开始安装。

第 1 章 了解机器学习

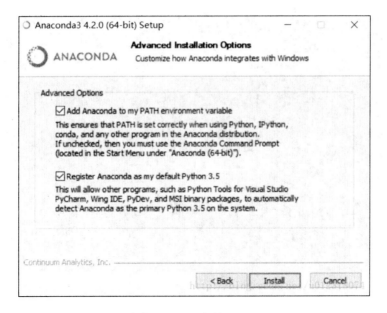

图 1-8　安装 Windows 版的 Anaconda（4）

（5）检测环境变量。右击"我的电脑"图标，选择"属性"→"高级系统设置"→"环境变量"→"Path"选项，在"Path"中添加了新的环境变量，如图 1-9 所示。

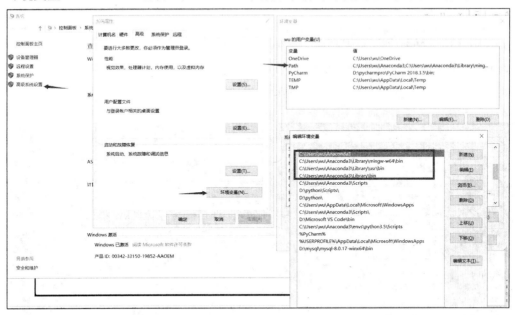

图 1-9　安装 Windows 版的 Anaconda（5）

（6）安装成功后，可以在开始界面中看到如图 1-10 所示的几个图标。

图 1-10　Anaconda 安装成功后的界面

"Anaconda Navigator"是可视化的软件窗口，打开后可以对不同的虚拟环境进行编辑，也可以直接对所需的库进行搜索和安装；"Anaconda Prompt"是命令窗口，可以通过"conda activate xx"激活所选择的虚拟环境，最初在 base 的环境下，安装库时通过"conda install +库名"进行库的安装。

（1）通过 conda 创建虚拟环境。本实验采用 Python 3.6 版本，因此在命令行中输入"conda create -n myenv python=3.6"，等待几秒后，会出现图 1-11 所示的界面，即创建环境时，会安装一些必需的库，此时按要求输入"y"，然后等待安装。

图 1-11　创建虚拟环境（1）

（2）安装完成后，会出现图 1-12 中所示的几个提示，第一个提示为如何激活新建的虚拟环境，第二个提示为如何删除新建的虚拟环境。

图 1-12　创建虚拟环境（2）

（3）输入"yes"后，等待安装。安装成功界面如图 1-13 所示。

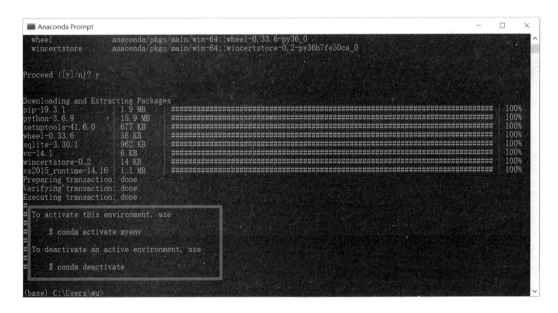

图 1-13　创建虚拟环境（3）

1.4.2　PyCharm

本节介绍 PyCharm 编辑器的安装与配置。PyCharm 是一款功能强大的 Python 编辑器，具有跨平台性。PyCharm 的下载地址为 http://www.jetbrains.com/pycharm/download/#section=windows。

如图 1-14 所示，在官网中有两个版本，即 Professional 表示专业版，Community 表示社区版。社区版是免费使用的；专业版的功能更加齐全，但需要激活码。这里选择下载社区版。

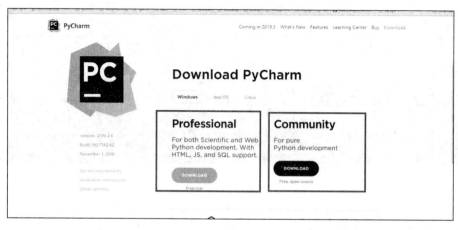

图 1-14　PyCharm 版本

（1）在如图 1-15 所示的窗口中选中"64-bit/32-bit launcher"复选框，然后单击"Next"按钮。

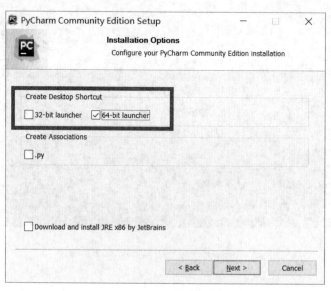

图 1-15　安装 PyCharm

（2）选择安装的位置进行安装。安装完成后打开软件，创建项目文件夹，如图 1-16 所示。

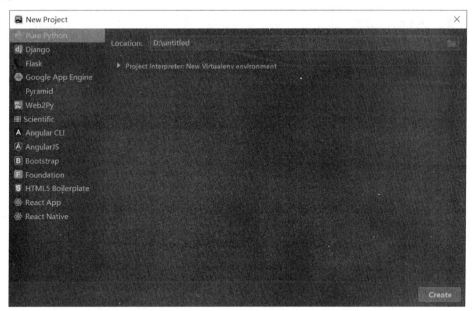

图 1-16　PyCharm 安装成功界面

（3）创建完成后，该目录为当前的工作目录，如图 1-17 所示。

图 1-17　当前的工作目录

有了编译器，还需要加载 Python 解释器，之前安装完成 Anaconda 后，系统会自动在该文件夹下下载基于当前 Anaconda 版本的 Python 解释器，位于"Anaconda3"的根目录下，如图 1-18 所示。

图 1-18　Anaconda 版本的 Python 解释器

同时，可以加载自己创建的虚拟环境，位于"./Anaconda3/envs"下，如图 1-19 所示。

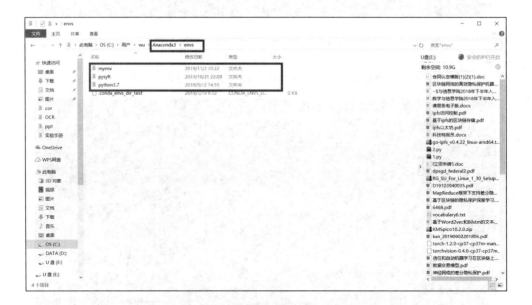

图 1-19　自己创建的虚拟环境

然后在 PyCharm 中设置工作目录的解释器。在 PyCharm 中加载解释器，选择"File"→"Settings"→"Project:pycharm"→"Project Interpreter"选项，再单击"Show ALL"按钮，执行的结果如图 1-20 所示。

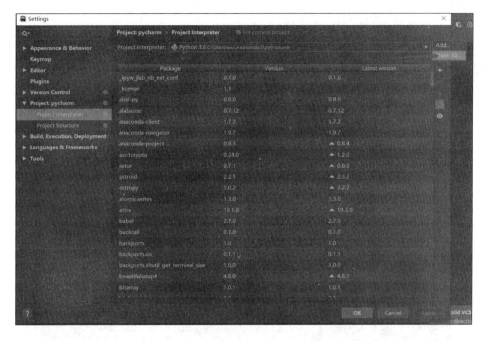

图 1-20 解释器设置

此时，会看到当前所创建的所有解释器，如图 1-21 所示。

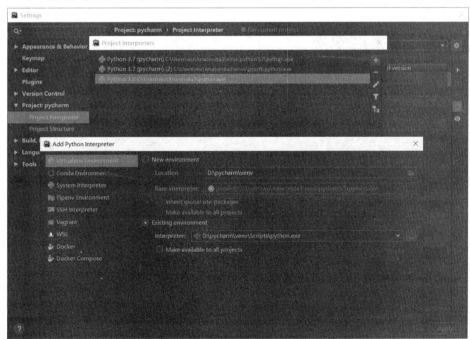

图 1-21 解释器界面

在图 1-22 所示的界面中，选中"Conda Environment"→"Existing environment"单选按钮，然后浏览文件夹，找到所安装的在 Anaconda3 下的 Python 3.6 的解释器"python.exe"。

图 1-22　安装解释器界面

1.4.3　汉诺塔案例

在图 1-23 所示的界面中选择"File"选项卡，打开"New Python file"对话框，对文件进行英文命名（同时避免与现有的 package 重名）。

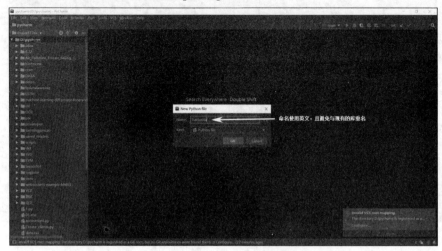

图 1-23　新建 Python file 文件

这里以一个简单的汉诺塔游戏为例，具体的代码如下。

```python
def hanoi(n,x,y,z):
    if n==1:
        print(x,'-->',z)
    else:
        hanoi(n-1,x,z,y)
        print(x,'-->',z)
        hanoi(n-1,y,x,z)
n=int(input('请输入一个整数：'))
hanoi(n,'x','y','z')
print('\n')
```

此时，在工作目录下就会出现"hanluota.py"文件了，如图1-24所示。

图1-24 新建hanluota.py后的界面

如图1-25所示，在右键快捷菜单中选择"Run 汉诺塔"选项或单击右上角的"运行"图标，运行程序代码。

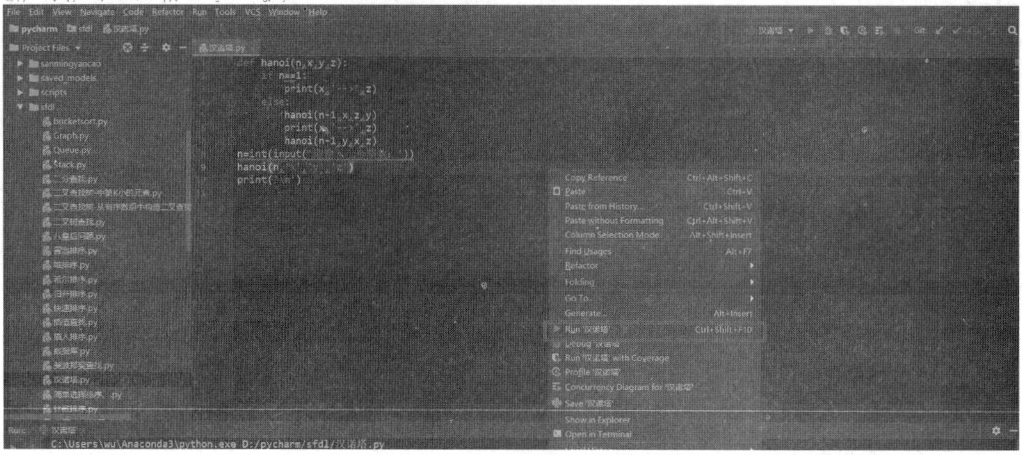

图 1-25　执行步骤

运行结果如图 1-26 所示。

图 1-26　运行结果

1.4.4　机器学习常用 package 的安装与介绍

在机器学习中，常用的几大框架为 Numpy、SciPy、pandas、SKlearn、TensorFlow、PyTorch 等。

安装 TensorFlow，打开 Anaconda Prompt，输入清华仓库镜像，这样更新会快一些，命令行如下。

```
conda config --add channels https://mirrors.tuna.tsinghua.edu.cn/anaconda/pkgs/free/
conda config --set show_channel_urls yes
```

在 Anaconda Prompt 中利用 Anaconda 创建的 Python 3.6 环境中，输入以下命令安装 TensorFlow。

```
conda insatll numpy
conda insatll tensorflow
```

SciKit learn 简称 SKlearn，是一个专门用于机器学习的 Python 库，它的官方网站为 http://scikit-learn.org/stable，文档等资源都可以在里面找到。

SKlearn 包含的机器学习方式有分类、回归、无监督、数据降维、数据预处理等，包含了常见的大部分机器学习方法。其安装方式如下。

打开 Anaconda Prompt，输入如下命令。

```
conda insatll scikit-learn
```

SKlearn 提供一些标准数据，我们不必再从其他网站寻找数据进行训练。例如，load_iris 数据可以很方便地返回数据特征变量和目标值。除了引入数据，还可以通过 load_sample_images() 来引入图片。

例如，鸢尾花数据集、波士顿房价数据集，通用的调用格式如下，此处以波士顿房价数据集为例。

```python
#从 SKlearn 库中导入所需要的数据集的包
from sklearn import datasets

#下载波士顿放假的数据集
loaded_data = datasets.load_boston()

#将数据拆分成数据集和标签集
data_x = loaded_data.data
data_y = loaded_data.target

#使用 shape 的属性查看数据的行列数
print('datax 行列数',data_x.shape)
print('datay 行列数',data_y.shape)

#输出两个新数据集的前 5 行进行观察
print('data_x 前 5 行:',data_x[:5,:])
print('data_y 前 5 行:',data_y[:5,])
```

输出结果如图 1-27 所示。

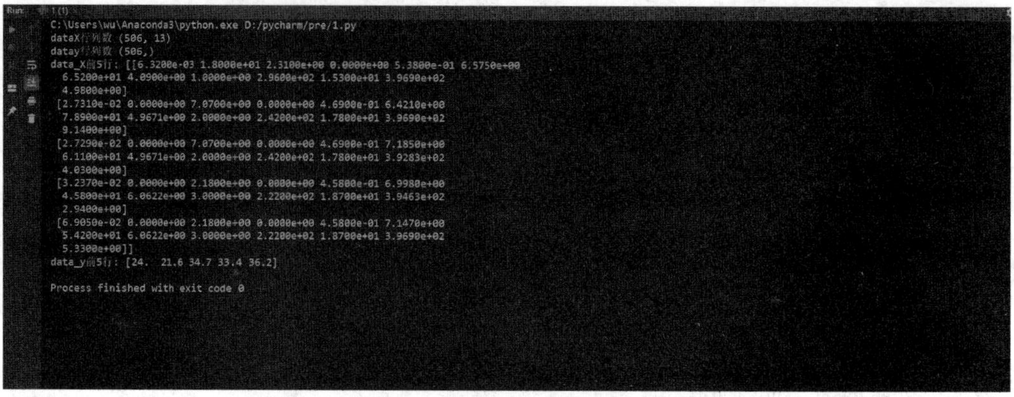

图 1-27　程序运行结果

在实验结果中，我们成功地对数据进行了可视化的操作，输出了数据的大小及对数据的前 5 行数据进行输出观测。

第 2 章 线性回归

本章学习目标
- 掌握常见模型的用途。
- 掌握几个常用的分类与回归算法的原理。
- 实现使用常用算法对实例数据进行分类和回归。

本章首先介绍线性回归的基本概念;然后介绍几种常见的线性回归算法;最后再用常用算法实现分类和回归。

2.1 线性回归与逻辑回归

2.1.1 线性回归模型

1. 线性回归

使用大量样本 $D = (x_i, y_i)_{i=1}^{N}$ 通过有监督学习,训练得到由 x 到 y 的映射 f,利用该映射关系对未知的数据进行预估。因为 y 为连续值,所以是回归问题。图 2-1 所示为一个单变量线性回归的例子。

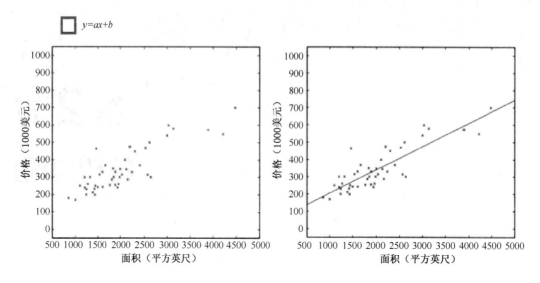

图 2-1 单变量线性回归

2. 线性回归表达式

机器学习是数据驱动的算法，数据驱动=数据+模型，模型就是输入到输出的映射关系。

$$模型=假设函数（不同的学习方式）+优化$$

线性回归的假设函数（θ_0 表示截距项，$x_0=1$，方便矩阵表达）为

$$f(x) = \theta_0 x_0 + \theta_1 x_1 + \theta_2 x_2 + \cdots + \theta_n x_n$$

向量形式（θ、x 都是列向量）为

$$f(x) = \theta^T x$$

2.1.2 优化方法

监督学习的优化方法为

$$监督学习的优化方法=损失函数+对损失函数的优化$$

2.1.3 损失函数

如何衡量已有参数 θ 的好坏？利用损失函数来衡量，损失函数度量预测值和标准答案的偏差，不同的参数有不同的偏差，所以要通过最小化损失函数，也就是最小化偏差来得到最好的参数。这里定义映射函数为 $h_\theta(x)$，则损失函数的定义为

$$J(\theta_0, \theta_1, \cdots, \theta_n) = \frac{1}{2m} \sum_{i=1}^{m} \left(h_\theta(x^{(i)}) - y^{(i)} \right)^2$$

因为有 m 个样本,所以要平均,分母的 2 是为了求导时方便。

2.1.4 损失函数的优化

损失函数如图 2-2 所示,是一个凸函数,我们的目标是达到最低点,也就是使得损失函数最小。

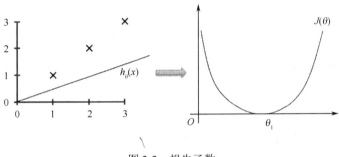

图 2-2 损失函数

损失函数优化问题,即要找到令损失函数 $J(\theta)$ 最小的 θ_1。均方误差的定义,有着方便的几何意义,与欧氏距离(Euclidean Distance)对应,而基于均方误差最小化进行模型求解的方法称为最小二乘法(Least Square Method)。

1. 最小二乘法

最小二乘法是一种完全数学描述的方法,用矩阵表示 $J(\theta) = \frac{1}{2}(X\theta - Y)^2$,展开并对其求偏导,令偏导 $\frac{\partial}{\partial \theta} J(\theta) = 0$,即可得到所求的 θ。

然而,现实任务中当特征数量大于样本数时,$X^T X$ 不满秩,此时 θ 有多个解,而且当数据量大时,求矩阵的逆非常耗时。对于不可逆矩阵(特征之间不相互独立),这种正规方程方法是不能用的。所以,还可以采用梯度下降法,利用迭代的方式求解 θ。

2. 多元情况出现局部极值

求极值的数学思想,对公式求导等于零即可得到极值。如图 2-3 所示,在多元情况下,会出现局部极值,工业问题中变量较多,计算量很大,公式很复杂。从计算机的角度来讲,求极值一般利用梯度下降法。

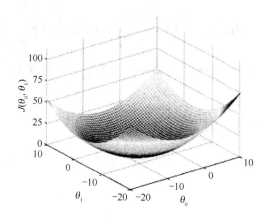

图 2-3 多元情况下会出现局部极值

(1) 初始位置选取,负梯度方向更新。对于二维数据,函数变换最快的方向是斜率方向,多维情况下就成为梯度,梯度表示函数值增大的最快的方向,所以要在负梯度方向上进行迭代。

(2) θ 的更新公式如图 2-4 所示,每个参数 $\theta_1, \theta_2, \cdots$ 都是分别更新的,梯度下降是一个逐步最小化损失函数的过程,如同下山,找准方向(梯度),每次迈进一步,直至山底,其过程如图 2-4 和图 2-5 所示。

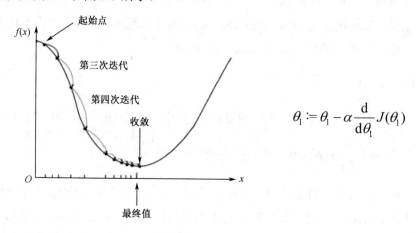

图 2-4 梯度下降

通过数学模型来解释梯度下降过程中的参数更新,更新过程为:首先计算回归值,$h_\theta(x) = \theta_0 + \theta_1 x$,并计算总体损失值,$J(\theta_0, \theta_1) = \frac{1}{2m} \sum_{i=1}^{m}(h_\theta(x^{(i)}) - y^{(i)})^2$;然后对每个 θ 进行更新,即

$$\theta_0 := \theta_0 - \alpha \frac{1}{m} \sum_{i=1}^{m}(h_\theta(x^{(i)}) - y^{(i)})$$

$$\theta_1 := \theta_1 - \alpha \frac{1}{m} \sum_{i=1}^{m} (h_\theta(x^{(i)}) - y^{(i)}) \cdot x^{(i)}$$

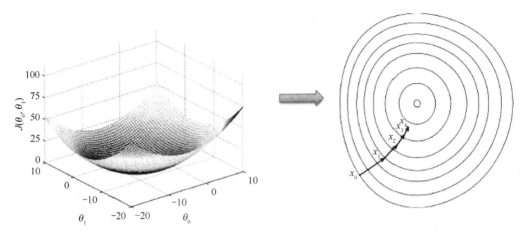

图 2-5　高维情况

图 2-6 给出了一个更新的示例。

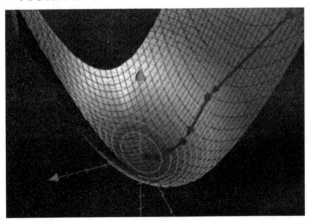

图 2-6　更新示例

在回归过程中，有一个重要的参数学习率 α，学习率的大小对回归的拟合效果影响较为明显。学习率太大，会跳过最低点，可能不收敛；学习率太小，收敛速度过慢。

2.1.5　过拟合和欠拟合

图 2-7 所示为一些过拟合和欠拟合的例子。造成过拟合的原因主要有如下两个方面。

（1）若有很多的特征或模型很复杂，则假设函数曲线可以对训练样本拟合得非常好，学习能力强了，但是丧失了一般性。

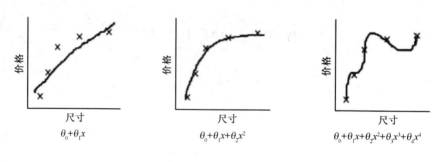

图 2-7 过拟合和欠拟合

（2）眼见不一定为实，训练样本中肯定存在噪声点，如果全都学习，肯定就会将噪声也学习进去。过拟合造成的结果是给参数的自由空间太大了，可以通过简单的方式使参数变化过快，并未学习到底层的规律，模型抖动太大，很不稳定，方差（variance）变大，对新数据没有泛化能力。

2.1.6 利用正则化解决过拟合问题

正则化的作用如下。

（1）控制参数变化幅度，对变化大的参数惩罚。

（2）限制参数搜索空间。

正则化的损失函数为

$$J(\theta_0,\theta_1,\cdots,\theta_n) = \frac{1}{2m}\sum_{i=1}^{m}\left(h_\theta(x^{(i)}) - y^{(i)}\right)^2 + \frac{\lambda}{2m}\sum_{j=1}^{n}\theta_j^2$$

式中，m 为样本数；n 为 n 个参数，对 n 个参数进行惩罚；λ 为对误差的惩罚程度。λ 越大，对误差的惩罚越大，容易出现过拟合；λ 越小，对误差的惩罚越小，对误差的容忍度越大，泛化能力越好。

2.1.7 逻辑回归

逻辑回归属于有监督学习，它能解决二分类的问题。

分类的本质是在空间中找到一个决策边界来完成分类的决策。

线性回归可以预测连续值，但是无法直接解决分类问题，需要根据预测的结果判定其属于正类还是负类。逻辑回归是将线性回归得到的连续值通过 sigmoid 函数映射到(0,1)之间。图 2-8 所示为 sigmoid 函数的图像。

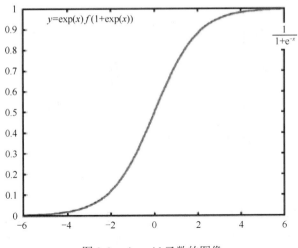

图 2-8　sigmoid 函数的图像

使用 sigmoid 函数的原因如下。

(1) 可以对 $(-\infty,+\infty)$ 结果，映射到 $(0,1)$，作为概率。

(2) $x<0$，$\text{sigmoid}(x)<\frac{1}{2}$；$x>0$，$\text{sigmoid}(x)>\frac{1}{2}$，可以将 $\frac{1}{2}$ 作为决策边界。

(3) 数学特性好，求导容易：$g'(z)=g(z)\cdot(1-g(z))$

2.1.8　逻辑回归的损失函数

线性回归的损失函数为平方损失函数，若将其用于逻辑回归的损失函数，则其数学特性不好，有很多局部极小值，难以用梯度下降法求最优，如图 2-9 所示。期望的损失函数曲线如图 2-10 所示。

$$J(\theta)=\frac{1}{m}\sum_{i=1}^{m}\frac{1}{2}\left(h_\theta\left(x^{(i)}\right)-y^{(i)}\right)^2$$

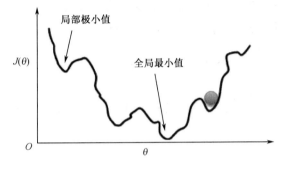

图 2-9　局部极小值与全局最小值

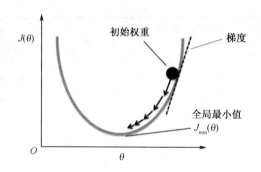

图 2-10 期望的损失函数曲线

逻辑回归损失函数采用的是对数损失函数，图 2-11 所示为损失函数曲线。如果一个样本为正样本，期盼将其预测为正样本的概率 p 越接近 1 越好，即决策函数的值越大越好，那么 log p 越大越好，逻辑回归的决策函数值就是样本为正的概率；如果一个样本为负样本，那么我们希望将其预测为负样本的概率越接近 1 越好，即(1-p)越大越好，即 log(1-p)越大越好。

$$\text{Cost}(h_\theta(x), y) = \begin{cases} -\log(h_\theta(x)) & \text{if } y = 1 \\ -\log(1 - h_\theta(x)) & \text{if } y = 0 \end{cases}$$

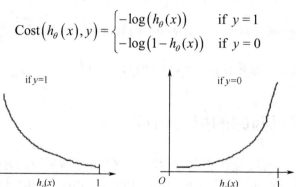

图 2-11 损失函数曲线

事实上，数据集中有很多样本，对其概率进行连乘时，因其概率为(0,1)区间的数值，连乘会使乘积越来越小，所以利用 log 函数变换将其变为加法，这样不会溢出，也不会超出计算精度。在逻辑回归 log 损失函数的定义为

$$J(\theta) = \frac{1}{m} \sum_{i=1}^{m} \text{Cost}\left(h_\theta(x^{(i)}), y^{(i)}\right)$$
$$= -\frac{1}{m}\left[\sum_{i=1}^{m} y^{(i)} \log h_\theta(x^{(i)}) + (1 - y^{(i)}) \log(1 - h_\theta(x^{(i)}))\right]$$

可以转化为

$$J(\theta) = -\frac{1}{m}\left[\sum_{i=1}^{m} y^{(i)} \log h_\theta(x^{(i)}) + (1 - y^{(i)}) \log(1 - h_\theta(x^{(i)}))\right] + \frac{\lambda}{2m} \sum_{j=1}^{n} \theta_j^2$$

用梯度下降法求最小值为

$$J(\theta) = -\frac{1}{m}\left[\sum_{i=1}^{m} y^{(i)} \log h_\theta\left(x^{(i)}\right) + \left(1-y^{(i)}\right)\log\left(1-h_\theta\left(x^{(i)}\right)\right)\right] + \frac{\lambda}{2m}\sum_{j=1}^{n}\theta_j^2$$

$$\theta_j := \theta_j - \alpha \frac{\partial}{\partial \theta_j} J(\theta)$$

2.1.9 逻辑回归实现多分类

一对一(one vs one)分类，即每两个样本之间构建一个分类器，共需要 $\frac{N \cdot (N-1)}{2}$ 个分类器。一对多（one vs rest）分类器，即 n 个分类问题训练 N 个分类器，如图 2-12 所示。

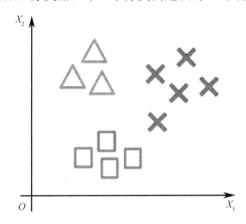

图 2-12 逻辑回归多分类问题

2.1.10 逻辑回归与线性回归的比较

逻辑回归能够用于分类，不过其本质还是线性回归，它仅在线性回归的基础上，在特征到结果的映射中加入了一层 sigmoid 函数（非线性）映射，即首先将特征线性求和，然后使用 sigmoid 函数进行预测。

其主要原因是线性回归在实数域内敏感度一致，局部的影响会影响整个回归模型。但在分类上，线性回归仅在[0,1]之内，而逻辑回归恰好使用 sigmoid 映射函数减小预测范围，限定为[0,1]之间的一种回归模型。逻辑曲线在 $z=0$ 时，十分敏感，在 $z \gg 0$ 或 $z \ll 0$ 处时，都不敏感，将预测值限定为(0,1)。

（1）逻辑回归（Logistic Regression，LR）在线性回归的实数范围输出值上施加 sigmoid 函数将值收敛到 0～1 范围，其目标函数也因此从差平方和函数变为对数损失函数，以提供最优化所需导数［sigmoid 函数是 softmax 函数的二元特例，其导数均为函数值的 $f\cdot(1-f)$ 形式］。注意，逻辑回归往往是解决二元 0/1 分类问题的，只是它和线性回归耦合太紧，不自觉也冠了个回归的名称。若要求多元分类，则要把 sigmoid 函数换成 softmax 函数。

（2）逻辑回归与线性回归都是广义的线性回归；线性回归模型采用最小二乘法优化目标函数，而逻辑回归则采用似然函数；线性回归是在整个实数 R 范围内进行数据的预测，但对于分类问题，需要将预测值的范围限定在[0,1]。逻辑回归刚好是这类模型，所以对于分类问题，逻辑回归的鲁棒性比线性回归要好。

（3）逻辑回归的基础是线性回归，但是一般的线性回归模型无法完全做到逻辑回归的非线性形式，逻辑回归能够轻松地处理 0/1 分类问题。

2.2 决策树

顾名思义，决策树是由一个个"决策"组成的树，学过数据结构的读者对树一定不陌生。在决策树中，节点分为两种：放"决策依据"的是非叶节点；放"决策结果"的是叶节点。

那么决策是什么呢？很好理解，和人一样，决策就是对于一个问题，有多个答案，选择答案的过程就是决策。在决策树中，通常有两种类型的问题：一种是离散值的问题；另一种是连续值的问题。例如，买衣服，衣服的价格是否合适、尺码是大还是小了，这是一个离散值的问题，衣服的价格（实际质量与价值的比值）是个连续值的问题。图 2-13 所示为买衣服的决策树。决策树就是由一个个的问题与答案生成的。

2.2.1 决策树的建立

一般而言，一棵"完全生长"的决策树包含特征选择、决策树构建、剪枝 3 个过程。首先是特征选择问题，特征选择在于从训练数据中众多的特征中选取一个具有分类能力的特征。选择特征有许多准则，通常选用信息增益和信息增益比。其次是决策树构建，根据特征选取的准则，从根节点开始，对实例的某一特征进行测试生成子节点，直至到达叶节点。然后将实例分到叶节点的类中。最后是剪枝策略，决策树会出现对训练数据的分类准备，但对未知的测试数据的分类却没有准备，即过拟合现象。解决这个问题的方法就是考虑树的复杂度，对生成的决策树进行简化，即剪枝。图 2-14 所示为决策树的生成示意图。

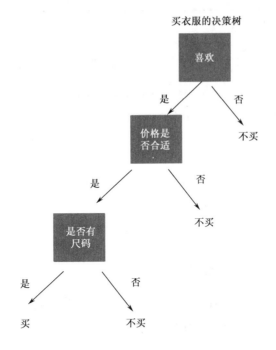

图 2-13 决策树示例

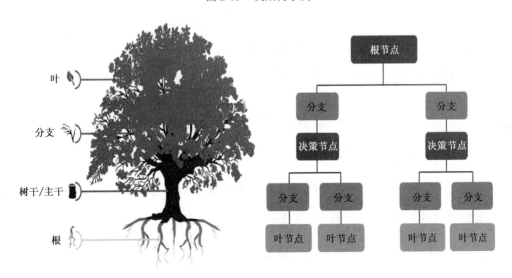

图 2-14 决策树的生成示意图

ID3 和 C4.5 是两个常见的决策树算法模型。C4.5 算法与 ID3 算法很像，C4.5 算法对 ID3 算法进行了优化。C4.5 在生成过程中，用信息增益率（比）作为特征选择的依据。C4.5 算法设计如下。

> 输入：训练数据集 D，特征集 A，阈值 ω
>
> 输出：决策树 T
>
> ① 训练数据集 D 中所有实例属于同一类 C_k，置 T 为单节点树，并将 C_k 作为该节点的类，返回 T。
>
> ② 如果 $A=\varnothing$，那么置 T 为单节点树，并将 D 中实例数最大的类 C_k 作为该节点的类，返回 T。
>
> ③ 否则，计算 A 中各特征对 D 的信息增益率，选择信息增益率最大的特征 A_g。
>
> ④ 如果 A_g 的信息增益率小于阈值 ω，那么置 T 为单节点树，并将 D 中实例数最大的类 C_k 作为该节点的类，返回 T。
>
> ⑤ 否则，对 A_g 的每个可能值 a_i，依 $A_g=a_i$ 将 D 分割为若干非空 D_i，将 D_i 中实例数最大的类作为标记，构建子节点，由节点及其子节点构成树 T，返回 T。
>
> ⑥ 对节点 i，以 D_i 为训练集，以 $A-\{A_g\}$ 为特征集，递归地调用步骤①~⑤，得到子树 T_i，返回 T_i。

1. 特征的选择——信息增益率

ID3 算法通过信息增益选择分裂属性，而 C4.5 算法通过信息增益率选择分裂属性。

（1）计算数据集 D 的经验熵 $H(D)$。

$$H(D)=-\sum_{k=1}^{K}\frac{|C_k|}{|D|}\log_2\frac{|C_k|}{|D|}$$

式中，$|C_k|$ 为第 k 个子数据集中样本数量；$|D|$ 为划分之前数据集中样本总数量。

（2）计算特征集 A 对数据集 D 的经验条件熵 $H(D|A)$。

$$H(D|A)=\sum_{i=1}^{n}\frac{|D_i|}{|D|}H(D_i)=-\sum_{i=1}^{n}\frac{|D_i|}{|D|}\sum_{k=1}^{K}\frac{|D_{ik}|}{|D_i|}\log_2\frac{|D_{ik}|}{|D_i|}$$

（3）计算信息增益。

$$g(D,A)=H(D)-H(D|A)$$

则信息增益率为

$$g_R(D,A)=\frac{g(D,A)}{H(D)}$$

分类与回归树（Classification And Regression Tree，CART）模型也是常用模型，由特征选择、决策树生成及剪枝三大部分组成，可以用在分类，也可以用在回归。CART 假设决策树是二叉树，内部节点特征的取值为"是"和"否"，左分支是取值为"是"的分支，右分支是取值为"否"的分支。

CART 算法主要由以下两步组成。

(1)决策树生成:生成尽可能"茂密"的决策树。

(2)对决策树进行剪枝:使用验证集对决策树进行剪枝处理,采用最小损失函数作为剪枝的标准。

生成的决策树其实是不断地构建二叉决策树。对于回归树,一般使用平方误差最小化的评价方法;对于分类树,则使用基尼指数最小化评价方法。图 2-15 给出了 CART 算法的几种情况。

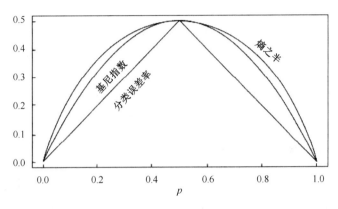

图 2-15 CART 算法

回归树的生成:假设 x 与 y 分别为输入和输出变量,并且 y 是连续变量,给定训练数据集 $D = \{(x_1, y_1), (x_2, y_2), \cdots, (x_n, y_n)\}$ 可选择第 j 个变量 x_j 及其取值 s 作为切分变量和切分点,并定义两个区域 $R_1(j,s) = \{x | x_j \leq s\}$,$R_2(j,s) = \{x | x_j > s\}$,然后寻找最优切分变量 x_j 及最优切分点 s。具体地,求解

$$j, s = \arg\min_{j,s} \left[\min_{c_1} \sum_{x_i \in R_1(j,s)} (y_i - c_1)^2 + \min_{c_2} \sum_{x_i \in R_2(j,s)} (y_i - c_2)^2 \right]$$

$$c_m = \text{ave}(y_i | x_i \in R_m), \quad m = 1, 2$$

式中,c_m 为区域 R_m 上的回归决策树输出,是区域 R_m 上所有输入实例 x_i 对应的输出 y_i 的均值。

对每个区域 R_1 和 R_2 重复上述过程,将输入空间划分为 M 个区域,$R_1, R_2, \cdots, R_m$,在每个区域上的输出为 c_m,$m = 1, 2, \cdots, M$,最小二乘回归树可表示为

$$f(x) = \sum_{m=1}^{M} c_m I(x \in R_m)$$

最小二乘回归树生成算法如下。

> 输入：训练数据集 D
>
> 输出：回归树 $f(x)$
>
> ① 选择最优切分变量 x_i 与切分点 s：
>
> $$j,s = \arg\min_{j,s}\left[\min_{c_1}\sum_{x_i \in R_1(j,s)}(y_i - c_1)^2 + \min_{c_2}\sum_{x_i \in R_2(j,s)}(y_i - c_2)^2\right]$$
>
> ② 用最优切分变量 x_i 与切分点 s 划分区域并决定相应的输出值：
>
> $$R_1(j,s) = \{x|x_j \leqslant s\}, R_2(j,s) = \{x|x_j > s\}$$
>
> $$c_m = \frac{1}{N}\sum_{x_i \in R_m(j,s)} y_j, \quad m = 1,2$$
>
> ③ 继续针对子区域使用步骤①和②，直至满足条件为止。
>
> ④ 将输入空间划分为 M 个区域 $R_1, R_2, \cdots, R_m$，生成决策树 $f(x) = \sum_{m=1}^{M} c_m I(x \in R_m)$。

2. 分裂属性的选择——基尼指数

决策树除了用信息增益和信息增益率来进行特征选择，还用基尼指数等来选择特征，还能判断被选择特征的最优的二值切分点。在分类中，假设有 K 个类别，且此样本点为第 K 类的概率是 p_k，则概率分布的基尼指数可以被定义为

$$\text{Gini}(D) = \sum_{k=1}^{K} p_k(1-p_k) = 1 - \sum_{k=1}^{K} p_k^2$$

例如，对于一个二分类问题，若样本被分为 1 类的概率为 p，则它的基尼指数可以写为

$$\text{Gini}(D) = \sum_{k=1}^{2} p_k(1-p_k) = 2p(1-p)$$

对于给定样本集 D 及其 K 个类别，其基尼指数为

$$\text{Gini}(D) = 1 - \sum_{k=1}^{K}\left(\frac{|C_k|}{|D|}\right)^2$$

式中，C_k 为样本集 D 中的第 k 类；$|C_k|$ 为第 k 类的样本个数；$|D|$ 为样本集个数。

给定样本集 D，如果某一划分特征 A 等于某个特征值 a，可以将样本集 D 分割成 D_1 和 D_2 两个子部分，即

$$\text{Gini}(D,A) = \frac{|D_1|}{|D|}\text{Gini}(D_1) + \frac{|D_2|}{|D|}\text{Gini}(D_2)$$

使用 Gini(D)代表样本集 D 的不确定性，则可以使用基尼指数 Gini（D,A）表示 A=a 经划分后样本集 D 的不确定性。基尼指数越大，表示样本集的不确定性也越大。

2.2.2 剪枝

由于对决策树的建立过程就是对样本的分类过程，因此决策树对训练时所用的样本分类很准确。但对于未来的预测来说不一定拥有这么高的准确度，所以就需要将训练时准确度很高的决策树进行简化，这个过程称为剪枝，如图 2-16 所示。决策树的剪枝可以被分为"预剪枝"（prepruning）和"后剪枝"（postpruning）。

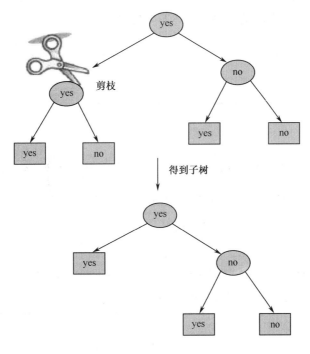

图 2-16 剪枝

1. 预剪枝

预剪枝是自上而下的，是指在生成决策树的过程中，先对节点进行判断，此节点如果不能够使树的泛化能力得到提升，就会对此节点停止划分并直接将此节点标记为叶节点。预剪枝的优点和缺点都很明显，可以极大地降低过拟合的风险，减少时间开销，但同时可能导致训练出来的决策树不是很理想。

2. 后剪枝

后剪枝是自下而上的剪枝，是指对一棵已经生成的完整决策树自下而上地对非叶节点进行估计。如果将此节点对应的子树替换成叶子节点能够提升决策树的泛化性能，就把该子树替换成叶节点。相比于预剪枝，后剪枝是一种更常用的方法，因为在预剪枝中精确估计何时停止树增长很困难。

后剪枝的优点是：欠拟合风险小，泛化性能往往优于预剪枝；其缺点是：要对树中所有非叶节点进行逐一考察，时间开销很大。

2.2.3 CART 剪枝

CART 剪枝算法是从"完全生长"的决策树底端剪去一些子树，使决策树变小，从而能够对未知数据有更准确的预测。CART 剪枝算法如下。

输入：CART 决策树 T_0

输出：最优决策树 T_α

① 设 $\alpha = +\infty$。

② 设 $k = 0$，$T = T_0$。

③ 自下而上地对各内部节点 t 计算 $C(T_t)$、$|T_t|$，以及 $g(t) = \dfrac{C(t) - C(T_t)}{|T_t| - 1}$，$\alpha = \min(\alpha, g(t))$。

其中，T_t 表示这棵子树的根节点为 t；$C(T_t)$ 表示对训练数据的预测误差，$|T_t|$ 表示 T_t 的叶节点个数。

④ 如果有 $g(t) = \alpha$，就进行剪枝，并对叶节点 t 使用多数表决法决定其类别，得到树 T。

⑤ 设 $k = k + 1$，$\alpha_k = \alpha$，$T_k = T$。

⑥ 如果 T_k 不是由根节点及两个叶子节点构成的树，就返回步骤③；否则令 $T_k = T_n$。

⑦ 采用交叉验证法在子树序列 $T_0, T_1, \cdots, T_n$ 中选取最优子树 T_α。

2.3 贝叶斯分类器

贝叶斯分类器是常用的各类分类器中分类错误概率最小的分类器，且实现简单，是一种常见的方法，它的基本思想是一种统计分类方法，其分类原理是通过某对象的先验概率，利用贝叶斯定理求出其后验概率（该对象属于某一类的概率），然后选取具有最大后验概率的类别当作该对象所属的类，如图 2-17 所示。

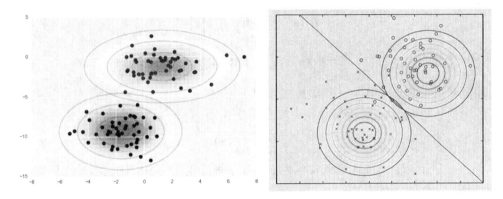

图 2-17 贝叶斯分类器

2.3.1 贝叶斯最优分类器

期望损失（条件风险）：假设有 N 种可能的类别标记，即 $y=\{c_1,c_2,\cdots,c_N\}$，λ_{ij} 是将一个真实标记为 c_j 的样本误分类为 c_i 所产生的损失。将样本 x 分类 c_i 所产生的期望损失为

$$R(c_i|x) = \sum_{j=1}^{N}\lambda_{ij}P(c_j|x)$$

任务是寻找一个假设 h，以最小化总体风险：

$$R(h) = E_x\left[R(h(x)|x)\right]$$

贝叶斯判定准则：为了使总体风险最小化，只需要在样本上选择可以使条件风险 $R(c|x)$ 最小的类别标记，即

$$h^*(x) = \underset{c\in y}{\arg\min}\, R(c|x)$$

此时，h^* 称为贝叶斯最优分类器，与之对应的总体风险 $R(h^*)$ 称为贝叶斯风险。若目标是最小化分类错误率，则误判损失 λ_{ij} 可写为

$$\lambda_{ij} = \begin{cases} 0, & \text{当}\, i=j\, \text{时} \\ 1, & \text{其他} \end{cases}$$

条件风险为

$$R(c|x) = 1 - P(c|x)$$

贝叶斯最优分类器为

$$h^*(x) = \underset{c \in y}{\arg\max}\, R(c|x)$$

即对于每个样本 x，选择能使后验概率 $P(c|x)$ 最大的类别标记。

根据贝叶斯定理，有

$$P(c|x) = \frac{P(c)P(x|c)}{P(x)}$$

因此，估计 $P(c|x)$ 的问题就转化为如何基于训练集 D 来估计先验 $P(c)$ 和类条件概率（似然）$P(x|c)$。

2.3.2 极大似然估计

令 D_c 表示训练集 D 中第 c 类样本组成的集合，假设这些样本是独立同分布的，则参数 θ_c 对于 D_c 的似然为

$$P(D_c|\theta_c) = \prod_{x \in D_c} P(x|\theta_c)$$

对 θ_c 进行极大似然估计，就是去寻找能最大化似然 $P(D_c|\theta_c)$ 的参数值。通常对上式使用对数似然再求解参数，即

$$L(\theta_c) = \log P(D_c|\theta_c) = \sum_{x \in D_c} \log P(x|\theta_c)$$

2.3.3 朴素贝叶斯分类器

估计后验概率 $P(c|x)$ 的主要难点是：条件概率 $P(x|c)$ 是全部属性的联合分布，难以从有限的训练样本中获得。为了避开难点，朴素贝叶斯分类器使用"属性条件独立性假设"，即对已知类别，假设所有属性相互独立。贝叶斯公式可重写为

$$P(c|x) = \frac{P(c)P(x|c)}{P(x)} = \frac{P(c)}{P(x)} \prod_{i=1}^{d} P(x_i|c)$$

式中，d 为属性数；x_i 为 x 在第 i 个属性上的取值。

朴素贝叶斯分类器的表达式为

$$h_{nb} = \underset{c \in y}{\arg\max}\, P(c) \prod_{i=1}^{d} P(x_i|c)$$

显然，朴素贝叶斯分类器的训练即变成了统计基础知识，即基于训练集 D 来估计类先验概率 $P(c)$，并为每个属性估计条件概率 $P(x|c)$。

最后简单阐述拉普拉斯修正。具体来说，令 N 表示训练集 D 中可能的类别数，N_i 表示第 i 个属性可能的取值，则有

$$\hat{P}(c) = \frac{|D_c|+1}{|D|+N}$$

$$\hat{P}(x_i|c) = \frac{|D_{c,x_i}|+1}{|D_c|+N_i}$$

2.4 支持向量机

2.4.1 支持向量机的原理

在机器学习中，支持向量机（Support Vector Machine，SVM）也称为支持向量网络，是带有相关学习算法的监督学习模型，该算法可以分析分类和回归的数据。SVM 是用于分类和回归问题的线性模型，它可以解决线性和非线性问题，并且已经成功地解决了许多实际问题。SVM 的概念很简单，该算法创建一条线或一个超平面，将数据分为几类。

例如，假设你有一个如图 2-18 所示的数据集，需要对图中的矩形和圆点进行分类。因此，你的任务是找到一条理想的线，将该数据集分为两个类。首先 SVM 要做的是在两类数据之间找到一条分隔线（或超平面）。那么 SVM 如何找到理想的解决方案呢？

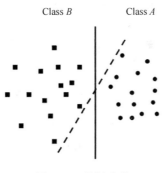

图 2-18　数据分类

在理想情况下，我们希望分类线看起来像图 2-18 中的粗线。注意，与虚线相比，粗线离其最近的数据点更远。已知，一个简单的线性方程由 $ax+by+c=0$ 给出。我们对 2D 使用此简单方程，并且可以对其进行扩展以可视化到 n 维数据中。在这里不妨做出以下

一些基本假设。

（1）仅考虑 x_1、x_2 两个特征。

（2）目标类别 y 可以对正类别采用+1，对负类别采用-1。

（3）令 x_{1i}, x_{2i}（对于 $i=1,2,\cdots,n$）表示针对特征 x_1,x_2 中的每个特征值的 n 个观测值。

此时，可以将方程改写为 $w_1 \cdot x_1 + w_2 \cdot x_2 + w_0 = 0$，其中 w_1、w_2 及 w_0 为优化算法最终会得出的权重。然后，对于任意两点 (x_{1i},x_{2i}) 有以下两种情况：如果 (x_{1i},x_{2i}) 位于同一侧，有 $w_1 \cdot x_{1i} + w_2 \cdot x_{2i} + w_0 > 0$，就表明 (x_{1i},x_{2i}) 属于 $y=+1$ 目标类别；如果 (x_{1i},x_{2i}) 同属于另一侧，有 $w_1 \cdot x_{1i} + w_2 \cdot x_{2i} + w_0 < 0$，就表明 (x_{1i},x_{2i}) 属于 $y=-1$ 目标类别。

将两个方程组合为一个：$y \cdot (w_1 \cdot x_{1i} + w_2 \cdot x_{2i} + w_0) > 0$，这对于 $y=+1$ 或 $y=-1$ 的上述两种情况都有效，因此该方程可归纳为对正类别和负类别进行分类。

2.4.2 线性可分支持向量机

把能够通过一个线性函数分开的数据样本称为线性可分的。通常，针对不同的线性样本来选择不同的方式进行数据的划分。若训练样本是线性可分的，则可以通过硬间隔最大化，来学习得到一个线性可分支持向量机；若训练样本是近似线性可分的，则通过软间隔最大化，学习得到一个线性支持向量机；若训练样本是线性不可分的，则通过核技巧和软间隔最大化，学习得到一个非线性支持向量机。图 2-19 所示为一个线性可分的支持向量机。

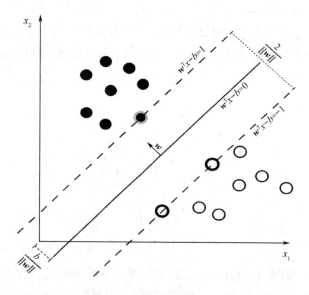

图 2-19　线性可分的支持向量机

首先定义间隔 γ，间隔等于两个异类支持向量的差在 $\boldsymbol{w}$ 上的投影，即

$$\gamma = \frac{(\boldsymbol{x}_+ - \boldsymbol{x}_-) \cdot \boldsymbol{w}^{\mathrm{T}}}{\|\boldsymbol{w}\|} \tag{2.1}$$

式中，$\boldsymbol{x}_+$ 和 $\boldsymbol{x}_-$ 分别为正负支持向量。$\boldsymbol{x}_+$ 和 $\boldsymbol{x}_-$ 满足 $y_i(\boldsymbol{w}^{\mathrm{T}}\boldsymbol{x}_i + b) = 1$，即

$$\begin{cases} 1 \cdot (\boldsymbol{w}^{\mathrm{T}}\boldsymbol{x}_+ + \boldsymbol{b}) = 1, \ y_i = +1 \\ -1 \cdot (\boldsymbol{w}^{\mathrm{T}}\boldsymbol{x}_- + \boldsymbol{b}) = 1, \ y_i = -1 \end{cases} \tag{2.2}$$

进而得到

$$\begin{cases} \boldsymbol{w}^{\mathrm{T}}\boldsymbol{x}_+ = 1 - \boldsymbol{b} \\ \boldsymbol{w}^{\mathrm{T}}\boldsymbol{x}_- = -1 - \boldsymbol{b} \end{cases} \tag{2.3}$$

将其代入 γ 的求解公式中得到 $\gamma = \dfrac{1 - b + (1 + b)}{\|\boldsymbol{w}\|} = \dfrac{2}{\|\boldsymbol{w}\|}$。然后需要定义损失函数，需要间隔最大化，即

$$\max_{\boldsymbol{w},b} \frac{2}{\|\boldsymbol{w}\|}, \ \text{s.t.} \ y_i(\boldsymbol{w}^{\mathrm{T}}\boldsymbol{x}_i + b) \geqslant 1 \ (i = 1, 2, \cdots, m) \tag{2.4}$$

相当于最小化 $\|\boldsymbol{w}\|$，于是式（2.4）转变为

$$\min_{\boldsymbol{w},b} \frac{1}{2} \|\boldsymbol{w}\|^2, \ \text{s.t.} \ y_i(\boldsymbol{w}^{\mathrm{T}}\boldsymbol{x}_i + b) \geqslant 1 \ (i = 1, 2, \cdots, m) \tag{2.5}$$

使用拉格朗日乘子法得到其对偶问题，该问题的拉格朗日函数可以写为

$$L(\boldsymbol{w}, \boldsymbol{b}, \alpha) = \frac{1}{2} \|\boldsymbol{w}\|^2 + \sum_{i=1}^{m} \alpha_i (1 - y_i(\boldsymbol{w}^{\mathrm{T}}\boldsymbol{x}_i + \boldsymbol{b})) \tag{2.6}$$

然后分别对 $\boldsymbol{w}$ 和 $\boldsymbol{b}$ 求导，并赋值为 0 得到方程组，即

$$\begin{cases} \dfrac{\partial L}{\partial \boldsymbol{w}} = \boldsymbol{w} - \sum_{i=1}^{m} \alpha_i y_i \boldsymbol{x}_i = 0 \\ \dfrac{\partial L}{\partial \boldsymbol{b}} = \sum_{i=1}^{m} \alpha_i y_i = 0 \end{cases} \tag{2.7}$$

将式（2.7）代入式（2.6）得到

$$L(\boldsymbol{w}, \boldsymbol{b}, \alpha) = \sum_{i=1}^{m} \alpha_i - \frac{1}{2} \sum_{i=1}^{m} \sum_{j=1}^{m} \alpha_i \alpha_j y_i y_j \boldsymbol{x}_i^{\mathrm{T}} \boldsymbol{x}_j, \ \text{s.t.} \sum_{i=1}^{m} \alpha_i y_i = 0, \alpha_i > 0 \tag{2.8}$$

此时，问题转化为在满足式（2.9）的条件下的 α 的值的求解问题，即

$$\max \sum_{i=1}^{m} \alpha_i - \frac{1}{2} \sum_{i=1}^{m} \sum_{j=1}^{m} \alpha_i \alpha_j y_i y_j \boldsymbol{x}_i^{\mathrm{T}} \boldsymbol{x}_j, \ \text{s.t.} \sum_{i=1}^{m} \alpha_i y_i = 0, \alpha_i > 0 \tag{2.9}$$

解得 α 后，通过式（2.7）求解 w 和 b，最终得到模型为

$$f(x) = w^T x + b = \sum_{i=1}^{m} \alpha y_i x_i^T x + b \tag{2.10}$$

2.4.3 非线性支持向量机和核函数

对于非线性的问题，无法使用线性可分的支持向量机来解决，此时就需要使用非线性模型。如图 2-20 所示，直线无法将样本直接分开，但可以通过一条曲线（非线性模型）将它们分开。但是，对于非线性问题经常不方便直接进行求解，希望使用线性分类问题的解决办法来解决非线性问题。采用非线性变换，将非线性问题变换成线性问题，是一种有效解决非线性问题的方法。

图 2-20 非线性可分数据分布

该数据显然不是线性可分离的，我们无法画出可以对这些数据进行分类的直线，但是该数据可以转换为更高维度的线性可分离数据。令 $\varphi(x)$ 表示将 x 映射后的特征向量，于是在特征空间中，划分超平面所对应的模型可表示为

$$f(x) = w^T \varphi(x) + b \tag{2.11}$$

此时的最小化函数改写为

$$\min_{w,b} \frac{1}{2} \|w\|^2, \text{ s.t. } y_i(w^T \varphi(x_i) + b) \geq 1 \quad (i = 1, 2, \cdots, m) \tag{2.12}$$

同样，进行转换得到对偶问题，如式（2.13）所示。

$$\max \sum_{i=1}^{m} \alpha_i - \frac{1}{2} \sum_{i=1}^{m} \sum_{j=1}^{m} \alpha_i \alpha_j y_i y_j \varphi(x_i)^T \varphi(x_j), \text{ s.t.} \sum_{i=1}^{m} \alpha_i y_i = 0, \alpha_i > 0 \tag{2.13}$$

由于特征空间的维数可能很高，甚至是无穷维，因此直接计算 $\varphi(x_i)^T \varphi(x_j)$ 通常是困难的，但可以用特征空间中 x_i 与 x_j 的内积进行求解 $K(x_i, x_j) = <\varphi(x_i), \varphi(x_i)> = \varphi(x_j)^T \varphi(x_j)$，即式（2.13）改写为

$$\max \sum_{i=1}^{m} \alpha_i - \frac{1}{2} \sum_{i=1}^{m} \sum_{j=1}^{m} \alpha_i \alpha_j y_i y_j < \varphi(\boldsymbol{x}_i, \boldsymbol{x}_j) >, \text{ s.t.} \sum_{i=1}^{m} \alpha_i y_i = 0, \alpha_i > 0 \quad (2.14)$$

于是，求解后得到模型为

$$f(x) = \boldsymbol{w}^\mathrm{T} \varphi(\boldsymbol{x}) + \boldsymbol{b} = \sum_{i=1}^{m} \alpha_i y_i K(\boldsymbol{x}_i, \boldsymbol{x}_j) + \boldsymbol{b} \quad (2.15)$$

针对不同的数据样本，可以选择适合的核函数。常见的核函数 $K(\boldsymbol{x}_i, \boldsymbol{x}_j)$ 有以下几种：线性核 $K(\boldsymbol{x}_i, \boldsymbol{x}_j) = \boldsymbol{x}_i^\mathrm{T} \boldsymbol{x}_j$；多项式核 $K(\boldsymbol{x}_i, \boldsymbol{x}_j) = (\boldsymbol{x}_i^\mathrm{T} \boldsymbol{x}_j)^d$，其中 d 为多项式的次数；高斯核 $K(\boldsymbol{x}_i, \boldsymbol{x}_j) = \exp(-\frac{\|\boldsymbol{x}_i - \boldsymbol{x}_j\|^2}{2\sigma^2})$，$\sigma > 0$；拉普拉斯核 $K(\boldsymbol{x}_i, \boldsymbol{x}_j) = \exp\left(-\frac{\|\boldsymbol{x}_i - \boldsymbol{x}_j\|}{2\sigma^2}\right)$，$\sigma > 0$；Slgmoid 核 $K(\boldsymbol{x}_i, \boldsymbol{x}_j) = \tanh(\beta \boldsymbol{x}_i^\mathrm{T} \boldsymbol{x}_j + \theta)$，$\beta > 0$，$\theta > 0$。

2.4.4 线性支持向量机与松弛变量

在之前的模型中，我们都假设训练样本在样本空间或特征空间中是线性可分的，但在现实任务中往往很难确定合适的核函数使训练集在特征空间中线性可分，即使碰巧找到了这样的核函数使得样本在特征空间中线性可分，但也很难判断结果是不是由过拟合导致的。为解决这一问题，我们在约束条件中加入松弛变量后变为

$$y_i(\boldsymbol{w}^\mathrm{T} \boldsymbol{x}_i + \boldsymbol{b}) \geqslant 1 - \zeta_i \quad (2.16)$$

此时代价函数也相应地变为

$$\frac{1}{2} \|\boldsymbol{w}\|^2 + C \sum_{i=1}^{m} \zeta_i \quad (2.17)$$

式中，$C > 0$ 为惩罚参数，C 值越大，对误分类的惩罚就越大。此时式（2.17）具有两方面的作用，在满足间隔尽可能大的情况下，使误分类点的个数尽量小。然后求解式（2.17）的拉格朗日函数，即

$$L(\boldsymbol{w}, \boldsymbol{b}, \alpha, \zeta, \mu) = \frac{1}{2} \|\boldsymbol{w}\|^2 + C \sum_{i=1}^{m} \zeta_i + \sum_{i=1}^{m} \alpha_i (1 - \zeta_i - y_i(\boldsymbol{w}^\mathrm{T} \boldsymbol{x}_i + \boldsymbol{b})) - \sum_{i=1}^{m} \mu_i \zeta_i \quad (2.18)$$

式中，$\alpha_i, \mu > 0$ 是拉格朗日乘子。对 $\boldsymbol{w}$、$\boldsymbol{b}$ 求偏导构建方程组可得

$$\begin{cases} \boldsymbol{w} = \sum_{i=1}^{m} \alpha_i y_i \boldsymbol{x}_i \\ \sum_{i=1}^{m} \alpha_i y_i = 0 \\ C = \alpha_i + \mu_i \end{cases} \quad (2.19)$$

得到对偶问题并求解 w、b，得到最终的模型为

$$f(x) = w^T x + b = \sum_{i=1}^{m} \alpha_i y_i x_i^T x + b \quad (2.20)$$

针对该模型进行假设分析，若 $\alpha_i > 0$，此时有 $y_i f(x_i) = 1 - \zeta_i$，则该样本为支持向量。又因 $C = \zeta_i + \mu_i$，若 $\alpha_i < C$，此时 $\mu_i > 0$，进而有 $\zeta_i = 0$，即该样本恰好落在最大间隔的边界上；若 $\alpha_i = C$，$\mu_i = 0$，此时若 $\zeta_i \leqslant 1$，则该样本在最大间隔内部；若 $\zeta_i > 1$，则样本分类错误。

2.5 案例

打开 IntelliJ IDEA 或 PyCharm。

2.5.1 线性回归案例

1. 实验数据的下载

这里给出一个完整的例子，使用 Scikit-learn 来运行线性回归。我们用加利福尼亚大学尔湾分校（UCI）公开的机器学习数据[①]来实现线性回归。选择第二个压缩包"CCPP.zip"下载并解压到本地，如图 2-21 所示。

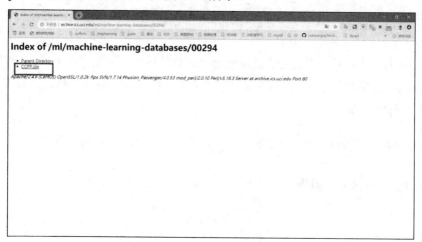

图 2-21　数据下载地址

---

① http://archive.ics.uci.edu/ml/machine-learning-databases/00294/.

解压后得到如图 2-22 所示的文件。

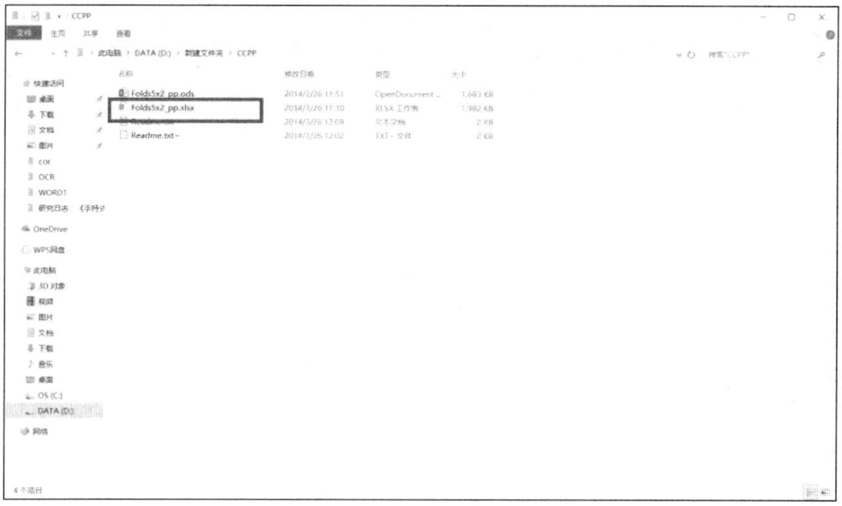

图 2-22 解压后的数据文件

如图 2-23 所示，打开"folds5x2_pp.xlsx"文件，单击"另存为"按钮，保存为 CSV 格式，并将路径添加到命令行中。

图 2-23 下载步骤

2. 库的检测与安装

通过 import 命令导入所依赖的库：

```
import pandas as pd
import matplotlib.pyplot as plt
import numpy as np
from sklearn import datasets,linear_model,metrics
```

```
from sklearn.cross_validation import train_test_split
from sklearn.linear_model import LinearRegression
from sklearn.model_selection import cross_val_predict
```

如果此时在图 2-23 所示的界面中某个库的下方出现红色波浪线,表明当前环境下缺少实验所需的依赖库,通过 pip 或 conda 进行安装。

3. 读取文件

使用 pandas 中的 read_csv()函数进行数据的读入,并对其进行命名,具体操作如下。

```
f=open('D:\\data\\Folds5x2_pp.csv') #文件存储路径
data=pd.read_csv(f)
```

4. 划分数据集

现在准备样本特征 X,使用 AT、V、AP 和 RH 4 个列作为样本特征,使用 PE 作为样本输出。

```
x=data[['AT','V','AP', 'RH']]
y=data[['PE']]
```

可以通过以下代码来统计数据的 shape 和部分数据的可视化。

```
#通过 shape 函数显示数据的行、列数
data.shape
#通过 head 函数显示前 5 行数据
X.head()
y.head()
#利用 print 函数进行结果的打印
print('datashape=',data.shape,'XHEAD=',x.head(),'yhead=',y.head())
```

运行结果如图 2-24 所示。

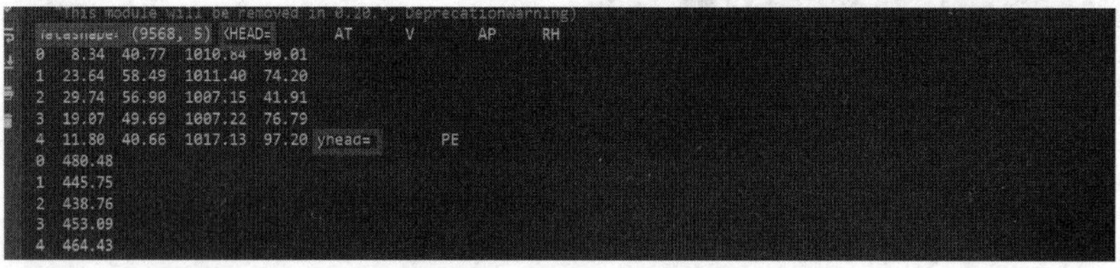

图 2-24　运行结果

5. 训练集和测试集的划分

我们把 x 和 y 的样本组合划分成两部分:75%的样本数据被作为训练集、25%的样本数据被作为测试集,代码如下。

```
x_train,x_test,y_train,y_test=train_test_split(x,y,random_state=1)
```

Python 中自带了数据集划分的函数 train_test_split()，train_data：待划分样本数据；train_target：待划分样本数据的结果（标签）；test_size：测试数据占样本数据的比例，若是整数则为样本数量；random_state：设置随机数种子，保证每次都是同一个随机数。

6. 线性回归函数拟合

接下来用 Scikit-learn 的线性模型拟合。Scikit-learn 的线性模型是使用最小二乘法来实现的，代码如下。

```
#调用 LinearRegression()线性回归函数
linreg=LinearRegression()

#对训练集进行拟合
linreg.fit(x_train,y_train)

#对测试集进行回归预测
y_pred=linreg.predict(x_test)
```

7. 交叉验证

通过交叉验证来持续优化模型，我们采用 10 折交叉验证，即

```
predicted = cross_val_predict(linreg, x, y, cv=10)
```

8. 输出拟合系数

在经过拟合和预测后，将线性回归的拟合系数输出，包括权重参数和截距参数，方便对拟合效果的检测，代码如下。

```
print('θ0: {}'.format(linreg.coef_))
print('θ1: {}'.format(linreg.intercept_))
```

检测结果如图 2-25 所示。

```
θ0: [[-1.97376045 -0.23229086  0.0693515  -0.15806957]]
θ1: [447.06297099]
```

图 2-25　检测结果

9. 模型评估

对于线性回归，一般使用均方误差（Mean Square Error，MSE）或均方根差（Root Mean Square Error，RMSE）在测试集上的表现来评价模型的好与否，代码如下。

```
print('MSE:{}'.format(metrics.mean_squared_error(y_test,y_pred)))
print('RMSE:{}'.format(metrics.mean_squared_error(y_test,y_pred)))
```

得到的均方误差与均方根差如图 2-26 所示。

```
MSE:20.080401202073897
RMSE:20.080401202073897
```

图 2-26　均方误差与均方根差

10. 预测结果的可视化

在 Python 中，通过使用 Matplotlib 对实验的数据和结果进行画图，将拟合结果进行可视化，代码如下。

```
fig, ax = plt.subplots()
ax.scatter(y, predicted)
ax.plot([y.min(), y.max()], [y.min(), y.max()], 'k--', lw=4)
ax.set_xlabel('Measured')
ax.set_ylabel('Predicted')
plt.show()
```

实验结果如图 2-27 所示。

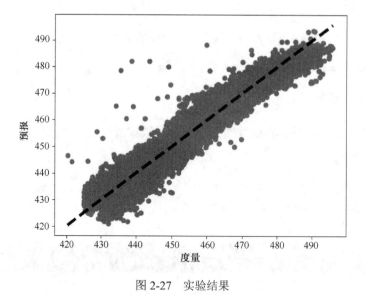

图 2-27　实验结果

2.5.2　逻辑回归案例

1. 实验数据的下载

本实验所用的是 SKlearn 中的鸢尾花数据集，该数据共 150 行，每行为一个样本，每个样本包含 5 个属性，分别为花萼长度（单位为 cm）、花萼宽度（单位为 cm）、花瓣长度（单位为 cm）、花瓣宽度（单位为 cm）、类别（共 3 类）。

2. 库的检测与安装

通过 import 命令导入所依赖的库，代码如下。

```
import numpy as np
import matplotlib.pyplot as plt
from sklearn import linear_model, datasets
```

如果此时在某个库的下方出现红色波浪线，表明当前环境下缺少实验所需的依赖库，通过 pip 或 conda 进行安装。

3. 数据下载

使用 SKlearn 中的 datasets 库中 iris 的数据，通过 load_iris()函数进行下载，为了方便分类后数据的可视化，实验中只取二维的数据进行分类，具体操作如下。

```
#取数据的前两个特征进行分类
X = iris.data[:, :2]
Y = iris.target

#取数据的前 20 行输出观测
print('X=',X[:20,:])
print('Y=',Y[:20])

#输出数据的行、列数
print(X.shape)
```

数据结果展示如图 2-28 所示。

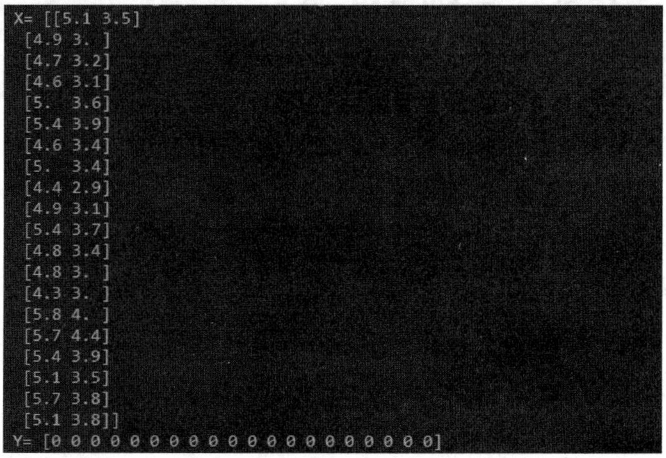

图 2-28 数据结果展示

4. 划分数据集

接下来创建一个 Neighbours Classifier 的实例，并拟合数据。

```
#选取分类函数
logreg = linear_model.LogisticRegression(C=1e5, penalty='l2', tol=1e-6)

#模型拟合
logreg.fit(X, Y)
```

这里可以通过 help（LogisticRegression）命令查看 LogisticRegression()函数的参数和使用。

参数说明如下，在输出窗口中可详细阅读，主要参数如图 2-29 所示。

penalty：规定正则化策略，选择在不同范数下的优化目标函数，结果也会有较大的差别。

C：指定了惩罚系数的倒数。值越小，正则化越大。

tol：指定判断迭代收敛与否的一个阈值。

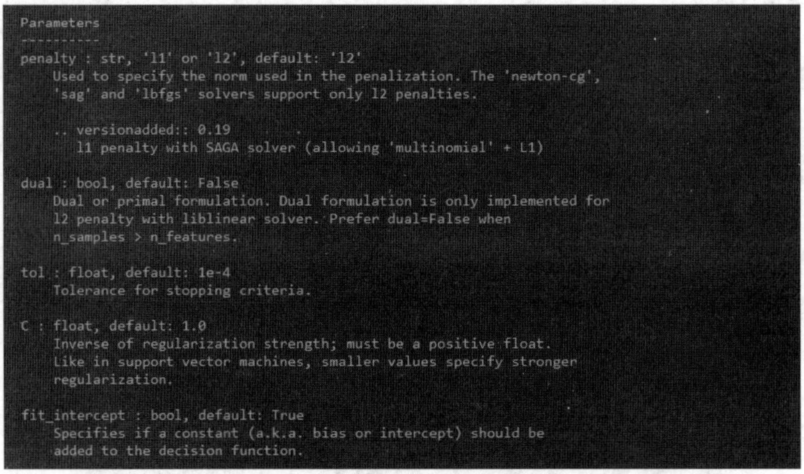

```
Parameters
----------
penalty : str, 'l1' or 'l2', default: 'l2'
    Used to specify the norm used in the penalization. The 'newton-cg',
    'sag' and 'lbfgs' solvers support only l2 penalties.

    .. versionadded:: 0.19
       l1 penalty with SAGA solver (allowing 'multinomial' + L1)

dual : bool, default: False
    Dual or primal formulation. Dual formulation is only implemented for
    l2 penalty with liblinear solver. Prefer dual=False when
    n_samples > n_features.

tol : float, default: 1e-4
    Tolerance for stopping criteria.

C : float, default: 1.0
    Inverse of regularization strength; must be a positive float.
    Like in support vector machines, smaller values specify stronger
    regularization.

fit_intercept : bool, default: True
    Specifies if a constant (a.k.a. bias or intercept) should be
    added to the decision function.
```

图 2-29　主要参数

5. 训练集和测试集的划分

绘制决策边界。为此我们将为网格[x_min, x_max]x[y_min, y_max]中的每个点分配一个颜色。

```
#设置网格的步长
h = .02
```

```
#设置网格边界
x_min, x_max = X[:, 0].min() - .5, X[:, 0].max() + .5
y_min, y_max = X[:, 1].min() - .5, X[:, 1].max() + .5

#使用 meshgrid()构建矩阵网格
xx, yy = np.meshgrid(np.arange(x_min, x_max, h), np.arange(y_min, y_max, h))
```

6. 分类并进行绘图

拟合后对网格点进行预测,并将结果和训练点也放入彩色图中,具体代码如下。

```
#对网格内的所有点进行分类
#使用 ravel 将得到的 xx, yy 矩阵展成一维的列向量
#再通过 np._c()将两列向量拼接成原始数据的格式
Z = logreg.predict(np.c_[xx.ravel(), yy.ravel()])

#将分类结果重构成网格中的点
Z = Z.reshape(xx.shape)

#创建画布
plt.figure(1, figsize=(4, 3))

#使用 plt.pcolormesh 绘制分类图
plt.pcolormesh(xx, yy, Z, cmap=plt.cm.Paired)

# 将训练点也放入彩色图中
plt.scatter(X[:, 0], X[:, 1], c=Y, edgecolors='k', cmap=plt.cm.Paired)
```

设置图的格式,并将结果进行显示,代码如下。

```
#设置 x,y 轴的标签
plt.xlabel('Sepal length')
plt.ylabel('Sepal width')

#设置图像的边界
plt.xlim(xx.min(), xx.max())
plt.ylim(yy.min(), yy.max())

#设置图例中的刻度
plt.xticks(())
```

```
plt.yticks(())

#结果的显示
plt.show()
```

分类的结果如图 2-30 所示。

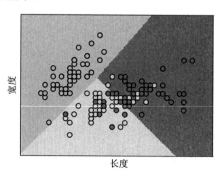

图 2-30 分类的结果

7. 结果评估

利用拟合模型对所有样本进行分类，并计算正确率，代码如下。

```
#对样本点进行分类
y_hat=logreg.predict(X)

#判断分类是否正确
result=y_hat==Y

#统计分类正确的点数
c=np.count_nonzero(result)
```

计算正确率并输出结果。

```
#计算正确率并输出
AC=(100*float(c))/float(len(result))
print('Accuracy=',AC)
```

输出的实验结果如图 2-31 所示。

```
C:\Users\wu\Anaconda3\python.exe D:/pycharm/ml/5.Logistic/sklearn_logisticRegression_demo.py
(150, 2)
Accuracy= 80.66666666666667
```

图 2-31 正确率

在 150 个样本的基础上，仅通过使用前两个特征，对鸢尾花进行逻辑回归的分类准确率为 80.66%，效果不是很好。可以尝试选取更多维数的特征，分类效果会有所提升。

2.5.3 决策树分类案例

实验准备：通过 Anaconda 安装 Graphviz。

如图 2-32 所示，打开 Anaconda Prompt，输入"conda install graphviz"命令，并安装 Graphviz，找到 Anaconda 的安装路径："Anaconda3"→"Library"→"bin"→"graphviz"，然后添加到环境变量。

1. 实验数据的下载

这里给出一个完整的例子，用 Scikit-learn 来进行红酒的分类。我们用加利福尼亚大学尔湾分校（UCI）公开的机器学习红酒数据[①]进行实验。

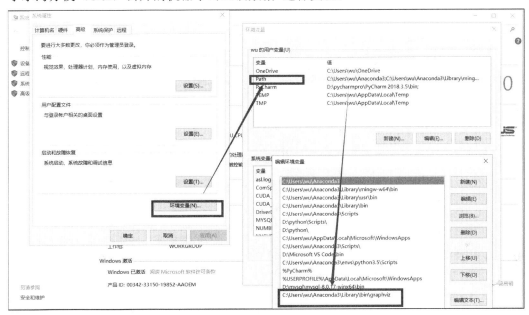

图 2-32 安装 Graphviz

本数据集是采集于葡萄牙北部"Vinho Verde"葡萄酒的数据。由于隐私和物流问题，只有理化变量特征是可以进行使用的。

按照图 2-33 所示，选择"Data Folde"→"wine.data"选项，进行数据的下载，下载完成后，将数据保存到本地文件夹，保存时将文件的后缀由".data"改为".txt"，并将路径添加到代码中文件读取路径的位置。

---

① http://archive.ics.uci.edu/ml/datasets/Wine.

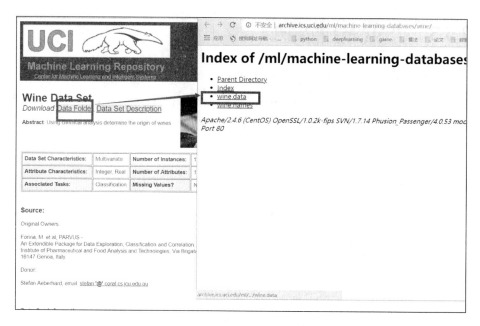

图 2-33 wine.data 数据下载

2. 库的检测与安装

通过 import 命令导入所依赖的库,代码如下。

```
import time
import pydotplus
import numpy as np
from sklearn import tree
from sklearn.externals.six import StringIO
from sklearn.model_selection import train_test_split
```

如果此时在某个库的下方出现红色波浪线,表明当前环境下缺少实验所需的依赖库,通过 pip 或 conda 进行安装。

3. 读取文件

读取 TXT 文件中的数据,并设置分隔符为",",具体的代码如下。

```
data = np.loadtxt("D:\data\Wine.txt",delimiter=',')
print(data.shape)
```

得到数据的大小为"(178,14)",即为 178 行、14 列的数据。

4. 数据集的划分

接下来将数据进行重构后划分为训练集和测试集。

```
x = data[:,1:14]
y = data[:,0].reshape(178,1)
#数据集的划分,60%的训练集和40%的测试集
X_train,X_test,Y_train,Y_test = train_test_split(x,y,test_size=0.4)
```

5. 模型拟合

加载模型,并导入训练数据进行模型的拟合。

```
#记录当前时刻
startTime = time.time()

#模型选择
clf = tree.DecisionTreeClassifier()

#模型拟合
clf = clf.fit(X_train,Y_train)

#计算训练时长并输出
print('---Training Completed.Took %f s.'%(time.time()-startTime))
```

可以在结果中看到"---Training Completed.Took 0.000996 s.",表明训练时长将为0.00096s,相对较短。

LogisticRegression()函数的主要参数如表 2-1 所示。

表 2-1 LogisticRegression()函数的主要参数

名称	功能	描述	默认参数
criterion	特征选择的标准	'gini':基尼指数;'entropy':信息熵	"gini"
splitter	特征划分的标准	'best':找出最优的划分点;'random':随机找出局部最优的划分点	"best"
max_depth	决策树最大深度	int or None:模型样本量多,特征也多的情况下,推荐限制最大深度	取值 10~100,用来解决过拟合
min_impurity_decrease	节点划分最小不纯度	float、optional:用来限制决策树的增长	0
min_samples_split	内部节点再划分所需最小样本数	区分一个内部节点需要的最少样本数	2

6. 模型评估

在本实验中,采用在测试集上精度的大小的表现来评价模型的好与否。

```
#对测试集进行分类
Y_predict = clf.predict(X_test)

#正确样本的统计
matchCount = 0
for i in range(len(Y_predict)):
    if Y_predict[i] == Y_test[i]:
        matchCount += 1

#计算正确率并进行输出
accuracy = float(matchCount/len(Y_predict))
print('---Testing completed.Accuracy: %.3f%%'%(accuracy*100))
```

输出结果为"---Testing completed.Accuracy: 88.889%"。

7. 决策树的可视化

在 Python 中，通过利用 pydotplus+Graphviz 进行决策树可视化的代码如下。

```
feature_name = ['Alcohol','Malic Acid','Ash','Alcalinity of Ash','Magnesium','Total Phenols',
                'Flavanoids','Nonflavanoid Phenols','Proantocyanins','Color Intensity','Hue',
                'OD280/OD315 of Diluted Wines','Proline']
target_name = ['Class1','Class2','Class3']

dot_data = StringIO()
tree.export_graphviz(clf,out_file = dot_data,feature_names=feature_name,
            class_names=target_name,filled=True,rounded=True,
            special_characters=True)
graph = pydotplus.graph_from_dot_data(dot_data.getvalue())
graph.write_pdf('D:\data\WineTree.pdf')
```

运行结果如图 2-34 所示。

可以看到，我们使用 GINI 指数来选择最优划分属性，并且经剪枝后的决策树只用到了数据 13 个属性中的 Flavanoids、Color Intensity、Proline、Hue、Malic Acid、Ash 6 个属性。在测试集中进行测试，结果为"---Testing completed.Accuracy: 88.889%"。

第 2 章 线性回归

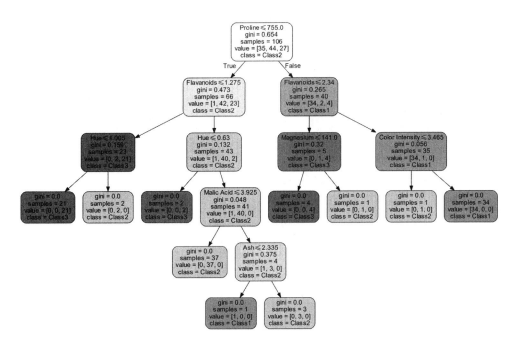

图 2-34 运行结果

完整代码如下。

```python
#!/usr/bin/python
# -*- coding: UTF-8 -*-
import time
import pydotplus
import numpy as np
from sklearn import tree
from sklearn.externals.six import StringIO
from sklearn.model_selection import train_test_split


data = np.loadtxt("D:\data\Wine.txt",delimiter=',')
print(data.shape)


x = data[:,1:14]
y = data[:,0].reshape(178,1)
X_train,X_test,Y_train,Y_test = train_test_split(x,y,test_size=0.4)


startTime = time.time()
clf = tree.DecisionTreeClassifier()
clf = clf.fit(X_train,Y_train)
```

```
print('---Training Completed.Took %f s.'%(time.time()-startTime))

Y_predict = clf.predict(X_test)
matchCount = 0
for i in range(len(Y_predict)):
    if Y_predict[i] == Y_test[i]:
        matchCount += 1
accuracy = float(matchCount/len(Y_predict))
print('---Testing completed.Accuracy: %.3f%%'%(accuracy*100))
```

```
feature_name = ['Alcohol','Malic Acid','Ash','Alcalinity of Ash','Magnesium','Total Phenols',
        'Flavanoids','Nonflavanoid Phenols','Proantocyanins','Color Intensity','Hue',
        'OD280/OD315 of Diluted Wines','Proline']
target_name = ['Class1','Class2','Class3']

dot_data = StringIO()
tree.export_graphviz(clf,out_file = dot_data,feature_names=feature_name,
        class_names=target_name,filled=True,rounded=True,
        special_characters=True)
graph = pydotplus.graph_from_dot_data(dot_data.getvalue())
graph.write_pdf('D:\data\WineTree.pdf')
```

2.5.4 支持向量机分类案例

1. 实验数据的下载

本实验所用的是 SKlearn 中的鸢尾花数据集，该数据共 150 行，每行为一个样本，每个样本包含 5 个属性，分别为花萼长度（单位为 cm）、花萼宽度（单位为 cm）、花瓣长度（单位为 cm）、花瓣宽度（单位为 cm）、类别（共 3 类）。

2. 库的检测与安装

通过 import 命令导入所依赖的库，代码如下。

```
import numpy as np
import matplotlib.pyplot as plt
from sklearn import svm, datasets
from sklearn.model_selection import train_test_split
```

如果此时在某个库的下方出现红色波浪线，表明当前环境下缺少实验所需的依赖库，通过 pip 或 conda 进行安装。

3. 数据下载

使用 SKlearn 中的 datasets 库中 iris 的数据，通过 load_iris()函数进行下载，为了方便分类后数据的可视化，实验中只取两维的数据进行分类，具体操作如下。

```
# 导入数据集
iris = datasets.load_iris()
X = iris.data[:, :2] # 只取前两维特征
y = iris.target

#取数据的前 20 行输出观测
print('X=',X[:20,:])
print('Y=',y[:20])

#输出数据的行、列数
print(X.shape)

#划分训练集和测试集
X_train,X_test,Y_train,Y_test = train_test_split(X,y,test_size=0.4)
```

实验结果如图 2-35 所示。

图 2-35 实验结果

4. 模型拟合

现在创建一个支持向量机的实例，这个例子说明了如何绘制 4 个不同内核的支持向量机分类的决策面。其中，两个线性支持向量机的决策边界为直线，而非线性核函数的支持向量机决策边界为非线性的曲线边界，然后拟合数据。

```
# 创建支持向量机实例,并拟合出数据
C = 1.0 # SVM 正则化参数
# 线性核
svc = svm.SVC(kernel='linear', C=C).fit(X_train, Y_train)
# 径向基核
rbf_svc = svm.SVC(kernel='rbf', gamma=0.7, C=C).fit(X_train, Y_train)
# 多项式核
poly_svc = svm.SVC(kernel='poly', degree=3, C=C).fit(X_train, Y_train)
# 线性核
lin_svc = svm.LinearSVC(C=C).fit(X_train, Y_train)
```

5. 图像的绘制

绘制决策边界。为此我们将为网格[x_min, x_max]x[y_min, y_max]中的每个点分配一个颜色。

```
#设置网格的步长
h = .02

#设置网格的边界
x_min, x_max = X_train[:, 0].min() - .5, X[:, 0].max() + .5
y_min, y_max = X_train[:, 1].min() - .5, X[:, 1].max() + .5

#使用 meshgrid()构建矩阵网格
xx, yy = np.meshgrid(np.arange(x_min, x_max, h), np.arange(y_min, y_max, h))
```

6. 设置子图格式

对不通过的子图进行命名,并设置子图的格式,具体代码如下。

```
titles = ['SVC with linear kernel',
         'LinearSVC (linear kernel)',
         'SVC with RBF kernel',
         'SVC with polynomial (degree 3) kernel']


for i, clf in enumerate((svc, lin_svc, rbf_svc, poly_svc)):
    # 绘出决策边界,不同的区域分配不同的颜色
    plt.subplot(2, 2, i + 1) # 创建一个 2 行、2 列的图,并以第 i 个图为当前图
    plt.subplots_adjust(wspace=0.4, hspace=0.4) # 设置子图间隔
```

对网格中的所有点进行分类,并添加到图中,代码如下。

```
#将 xx 和 yy 中的元素组成一对对坐标，作为支持向量机的输入，返回一个 array
Z = clf.predict(np.c_[xx.ravel(), yy.ravel()])

# 把分类结果绘制出来
Z = Z.reshape(xx.shape) #(220, 280)

#使用等高线的函数将不同的区域绘制出来
plt.contourf(xx, yy, Z, cmap=plt.cm.Paired, alpha=0.8)
```

将训练数据的样本添加到子图中，代码如下。

```
# 将训练数据以离散点的形式绘制出来
    #画散点图
    plt.scatter(X_train[:, 0], X_train[:, 1], c=Y_train, cmap=plt.cm.Paired)
    #设置 X、Y 轴的标签
    plt.xlabel('Sepal length')
    plt.ylabel('Sepal width')
    #设置坐标轴的取值
    plt.xlim(xx.min(), xx.max())
    plt.ylim(yy.min(), yy.max())
    #设置坐标轴的刻度
    plt.xticks(())
    plt.yticks(())
    plt.title(titles[i])
```

分类的结果如图 2-36 所示。

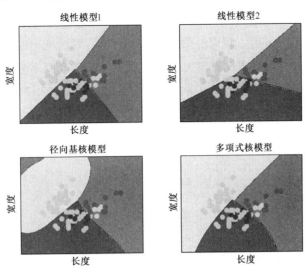

图 2-36　分类的结果

7. 结果评估

利用拟合模型对所有样本进行分类，并计算正确率，代码如下。

```
#对样本点进行分类
y_hat=logreg.predict(X)

#判断是否分类正确
result=y_hat==Y

#统计分类正确的点数
c=np.count_nonzero(result)
```

计算正确率并输出结果，代码如下。

```
#计算正确率并输出结果
AC=(100*float(c))/float(len(result))
print('Accuracy=',AC)
```

将图像进行展示，代码如下。

```
plt.show()
```

实验结果如图 2-37 所示。

```
the number of iterations.', ConvergenceWarning)
Accuracy= 73.3333333333333
Accuracy= 71.66666666666667
Accuracy= 73.3333333333333
Accuracy= 75.0

Process finished with exit code 0
```

图 2-37　实验结果

在 150 个样本的基础上，仅通过使用前两个特征，对鸢尾花进行分类，选用不同的内核的支持向量的分类效果也相差较大。其中，线性模型的准确率分别为 73.33%和 75%，径向基核模型的准确率为 71.67%，多项式核模型的准确率为 73.33%，效果不是很好。可以尝试选取更多维数的特征，分类效果会有所提升。

完整的代码如下。

```python
#!/usr/bin/python
# -*- coding:utf-8 -*-

import numpy as np
import matplotlib.pyplot as plt
from sklearn import svm, datasets
```

```python
from sklearn.model_selection import train_test_split

# 导入数据集
iris = datasets.load_iris()
X = iris.data[:, :2]
# 只取前两维特征
y = iris.target

#取数据的前 20 行输出观测
print('X=',X[:20,:])
print('Y=',y[:20])

#输出数据的行、列数
print(X.shape)

#划分训练集和测试集
X_train,X_test,Y_train,Y_test = train_test_split(X,y,test_size=0.4)
h = .02
# 网格中的步长

# 创建支持向量机实例,并拟合出数据
C = 1.0  # SVM 正则化参数
svc = svm.SVC(kernel='linear', C=C).fit(X_train, Y_train) # 线性核
rbf_svc = svm.SVC(kernel='rbf', gamma=0.7, C=C).fit(X_train, Y_train) # 径向基核
poly_svc = svm.SVC(kernel='poly', degree=3, C=C).fit(X_train, Y_train) # 多项式核
lin_svc = svm.LinearSVC(C=C).fit(X_train, Y_train) #线性核

# 创建网格,以绘制图像
x_min, x_max = X_train[:, 0].min() - 1, X[:, 0].max() + 1
y_min, y_max = X_train[:, 1].min() - 1, X[:, 1].max() + 1
xx, yy = np.meshgrid(np.arange(x_min, x_max, h),
                     np.arange(y_min, y_max, h))

# 图的标题
titles = ['SVC with linear kernel',
          'LinearSVC (linear kernel)',
          'SVC with RBF kernel',
```

```python
        'SVC with polynomial (degree 3) kernel']


for i, clf in enumerate((svc, lin_svc, rbf_svc, poly_svc)):
    # 绘出决策边界，不同的区域分配不同的颜色
    plt.subplot(2, 2, i + 1) # 创建一个 2 行、2 列的图，并以第 i 个图为当前图
    plt.subplots_adjust(wspace=0.4, hspace=0.4) # 设置子图间隔

    Z = clf.predict(np.c_[xx.ravel(), yy.ravel()]) #将 xx 和 yy 中的元素组成一对对坐标，作为支持向量机的输入，返回一个 array

    # 把分类结果绘制出来
    Z = Z.reshape(xx.shape) #(220, 280)
    plt.contourf(xx, yy, Z, cmap=plt.cm.Paired, alpha=0.8)
    #使用等高线的函数将不同的区域绘制出来

    # 将训练数据以离散点的形式绘制出来
    plt.scatter(X_train[:, 0], X_train[:, 1], c=Y_train, cmap=plt.cm.Paired)
    plt.xlabel('Sepal length')
    plt.ylabel('Sepal width')
    plt.xlim(xx.min(), xx.max())
    plt.ylim(yy.min(), yy.max())
    plt.xticks(())
    plt.yticks(())
    plt.title(titles[i])

    y_hat = clf.predict(X_test)
    y = Y_test.reshape(-1)
    result = y_hat == Y_test
    c = np.count_nonzero(result)
    AC = (100 * float(c)) / float(len(result))
    print('Accuracy=', AC)
plt.show()
```

第 3 章
模型评估与选择

本章学习目标
- 了解经验误差和过拟合。
- 了解模型验证策略。
- 了解回归模型和分类模型的性能度量。

本章首先介绍误差和过拟合的基本定义；然后介绍模型评估的留出法和交叉验证法；最后再详细地描述性能度量中的各模型泛化能力的评估指标。

3.1 经验误差和过拟合

3.1.1 从统计学的角度介绍模型的概念

机器学习的三要素是模型、策略和算法。模型其实就是机器学习训练的过程中所要学习的条件概率分布或决策函数。策略就是使用一种评价度量模型训练过程中的学习好坏的方法，同时根据这个方法去实施的调整模型的参数，以期望训练的模型将来对未知的数据具有最好的预测准确度。算法是指模型的具体计算方法，它基于训练数据集，根据学习策略，从假设空间中选择最优模型，最后考虑用什么样的计算方法去求解这个最优模型。

机器学习的第一要素是建立模型。从统计学的角度来看，数学模型是对所描述的对象用数学语言做出的描述和处理，然后通过策略式学习，构建出一个抽象的数学模型以实现对象功能。

所以模型的评估是极为重要的。下面介绍从哪些方面才能进行模型好坏指标的评价，进而选择适合的学习模型。

3.1.2 关于误差的说法

1. 错误率

对于分类问题，我们将测试样本中分类错误的样本数占总的样本数的比例称为错误率（error rate），分类正确的样本数占总样本数的比例称为精度（accuracy），即精度=1-错误率。

训练得到的学习器在现实的运用中，通常希望它能够在新的数据样本中表现出优良的效果。这样的目标就要求学习器在训练时要最大限度地发掘样本的"普遍规律"，而不仅仅是样本中特定的特征。普遍规律适用于普遍的样本，这样训练出来的学习器才能在新的样本空间中给出正确的学习结果。换言之，如果学习器在训练时，过度地学习了训练样本的特征，就会把这些特征作为普遍现象用于其他样本空间，这样得到的学习器就会导致泛化能力差，无法适用于更多新的样本集，如图3-1所示。

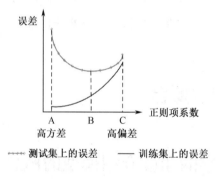

图3-1 模型的误差

2. 经验误差和泛化误差的概念

误差：模型（学习器）对样本进行学习后输出的结果与样本的真实结果之间的差异通常称为误差（error）。

经验误差（训练误差）：模型在训练集上的误差称为经验误差（empirical error）或训练误差（training error）。

泛化误差：将训练得到的模型运用在新样本集（测试集）空间上，产生的误差通常称为泛化误差（generalization error）。

显然，在运用于实际的学习中，我们希望模型能够有很好的泛化能力，即产生的泛化误差尽可能小。然而，往往在训练过程中模型对所有的训练样本分类都能得到正确的结果，即分类错误率为零，分类精度为100%，但这类学习器在多数情况下泛化能力都不太好，如图3-2所示。

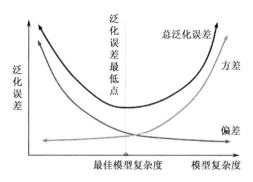

图3-2　模型的泛化误差

3.1.3　统计学中的过拟合

（1）在统计学中，过拟合现象是指在对数据进行拟合时，所使用的参数相对过多。在有限的测试数据集中，学习模型只要足够复杂，就能够很好地拟合数据，但对新数据集预测结果差。这是因为过度地拟合了训练数据，而没有考虑到泛化能力，如图3-3所示。

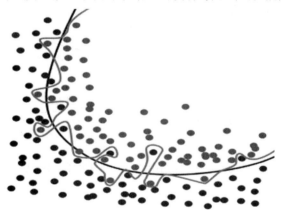

图3-3　过度依赖有更高的错误率

（2）过拟合的表现一般可以视为一种违反了奥卡姆剃刀原则的现象。在拟合模型时，当对参数选择的自由度超过数据本身所包含的信息时，可以使用任意的参数来拟合模型，这样就会导致模型的泛化能力差，模型更适用于训练的数据。

（3）过拟合的可能性不仅取决于参数和数据的数量，还取决于模型架构和数据之间的一致性，以及与数据中噪声或误差的预期、模型误差的数量。

3.1.4 机器学习中的过拟合与欠拟合

1. 概述

过拟合现象对机器学习也是很重要的。学习算法通常是通过训练实例进行训练的,这些训练实例的预期结果是可知的,学习者希望获得能够预测其他实例的正确结果,因此应该应用于一般情况,而不仅仅是训练中使用的现有数据。

学习者会适应训练数据过于专门化但又过于随机的特点,特别是在学习过程过长或实例过少的情况下。

在过拟合过程中,随着对训练样本结果预测性能的提高,对未知数据的应用性能发生了很大的变化。

2. 相对于过拟合的欠拟合

相对于过拟合,使用过多参数,以致太适应数据而非一般情况,另一种常见的现象是使用太少参数,以致不适应数据,称为欠拟合(或称为拟合不足)现象。

图3-4所示为机器学习中的过拟合与欠拟合的类比。

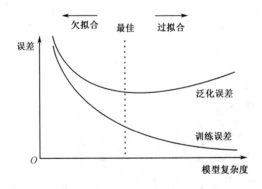

图3-4 机器学习中的过拟合与欠拟合的类比

3. 案例解析

当在评估模型的性能时,需要知道某个模型在新数据集上的表现如何。这个看似简单的问题却隐藏着诸多难题和陷阱,即使是经验丰富的机器学习用户也不免陷入其中。这里介绍评估机器学习模型时遇到的难点,提出一种便捷的流程来克服那些棘手的问题,并给出模型效果的无偏估计。

假设要预测一个农场谷物的亩产量,其亩产量与农场里喷洒农药的耕地比例成一种函数关系。针对这一回归问题,已经收集了100个农场的数据。如图3-5所示,若将目标值（谷物亩产量）与特征（喷洒农药的耕地比例）画在坐标系上，可以看到它们之间存在一个明显的非线性递增关系，数据点本身也有一些随机的扰动，为了描述评价模型预测准确性所涉及的一些挑战，我们通过这个具体例子来讲解。

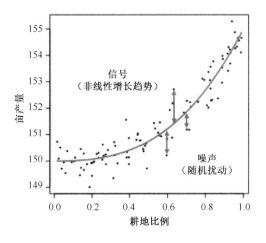

图 3-5　机器学习中的拟合实例

现在，假设要使用一个简单的非参数回归模型来构建耕地农药使用率和谷物亩产量的模型。最简单的机器学习回归模型之一是内核平滑技术，内核平滑即计算局部平均值，对于每个新数据，目标变量是通过使训练数据点接近其特征值的平均值来建模的。唯一的参数（宽度参数）是用来控制窗口的局部平均大小的。

如图 3-6 所示，不同的内核平滑窗口宽度参数产生了不同的效果。在窗口宽度值较大的情况下，用所有训练数据的平均值来预测测试数据的目标值，这样就会使得模型非常平坦，明显就是训练数据的分布趋势欠拟合（under-fitting）。在窗口宽度值较小的情况

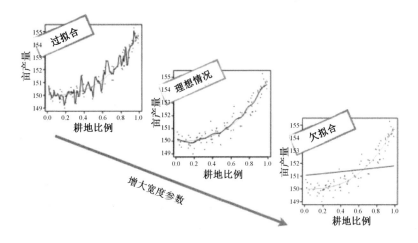

图 3-6　3 种平滑回归模型对谷物产量数据的拟合

下，每次预测只使用一个或两个训练数据结果，该模型的训练数据点的上下波动充分反映了可疑拟合噪声数据而不是真实信号的现象，这种现象被称为过拟合（over-fitting）。理想情况是处于一个平衡状态：既不欠拟合，也不过拟合。

4. 导致过拟合的原因

有许多因素可能会使得模型过拟合，一个常见的例子就是使用过于强大的学习能力，以致学习训练样本含有更少的一般特征。而欠拟合通常是由于学习能力低。欠拟合比较容易克服，如增加决策树学习扩展分支数量、增加神经网络学习训练次数，而解决过拟合则比较麻烦。过拟合是机器学习的一个关键障碍，所有的学习算法都有一定针对过拟合的措施，但重要的是要认识到，过拟合是不能完全避免的，我们所能做的只是减轻或降低其风险。

5. 选择合适的模型减缓过拟合

对于某个实际应用问题，经常有多种学习算法可以选择，甚至对于同一种学习算法，配置不同的参数就可能会产生不同的模型。那么，应该选择什么样的学习算法，应该采用什么样的参数配置？这就是机器学习中的"模型选择"（model selection）问题。

模型选择的任务是从一组给定数据的候选模型中选择一个统计模型。在最简单的情况下，会考虑一组预先存在的数据。然而，该任务也涉及实验的设计，以便收集的数据非常适合模型选择的问题。考虑到具有类似预测或解释能力的候选模型，最简单的模型有可能是最佳选择。

3.2 模型验证策略

3.2.1 留出法

1. 测试集

评估流程如图 3-7 所示。一般情况下，可以通过实验来测试研究，评估泛化误差，然后做出选择来获得最佳效果模型。在此过程中，需要使用一组测试（testing set）来测试新样本的学习辨别能力，然后对测试集测试得到的测试误差（testing error）的泛化误差近似，通常假设实际的测试样本是独立同分布的样本数据分布。但需要注意的是，测试集和训练集要尽可能互斥，即测试样本要尽可能不在训练集中出现过。

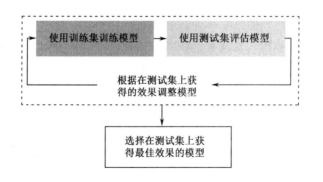

图 3-7　评估流程

2. 测试样本

形象地说,训练样本就相当于我们在学习中所做的练习,测试的过程则可以视为水平考试。显而易见,如果把测试样本用到训练过程中,就会产生很好的结果,但是无法反映模型的真正能力。

3. 留出法的概念

留出法（hold-out）是将整个数据集（通常记为 D）拆分成两个互斥的集合,其中一个集合作为训练过程中的训练集（记为 S）,另一个作为测试过程中的测试集（记为 T）。训练集构建模型,验证该模型并进行参数择优,选择最优模型,测试集 T 测试最优模型的泛化能力。

如图 3-8 所示,在划分数据集时,值得注意的是,拆分得到的训练集和测试集要尽可能保持数据分布的一致性,因为数据拆分可能会额外引入偏差而影响最终结果。通常使用分层采样,如数据集 D 包含 500 个正样本,500 个负样本,数据集 D 划分为 70%样本的训练集和 30%样本的测试集,为了保证训练集和测试集正负样本的比例与数据集 D 比例相同,采用分层抽样的方法,先从 500 个正样本随机抽取 350 次,500 个负样本随机抽取 350 次,然后剩下的样本集作为测试集,分层抽样保证了训练集的正负样本的比例与数据集 D 的正负样本比例相同。

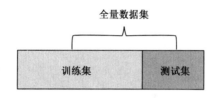

图 3-8　留出法配图

平均留出法:对数据集的拆分不同会产生不同的训练集和测试集,则最终的模型评估也会产生不同的结果。如图 3-9 所示，在实验过程中，仅使用一次留出法得到的结果往往可信度不高，因此要进行多次划分。然后重复进行实验得到多次评估结果，最后取平均值作为留出法的最终评估结果，减少偶然因素。

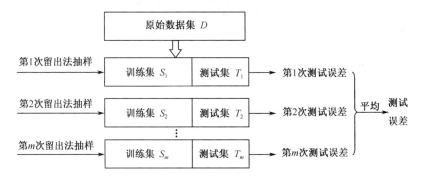

图 3-9 平均留出法

留出法（hold-out）的流程如图 3-10 所示。Python 伪代码如下。

```
# assume that we begin with two inputs:
#    features - a matrix of input features
#    target - an array of target variables
#        corresponding to those features


N = features.shape[0]
N_train = floor(0.7 * N)

# randomly select indices for the training subset
idx_train = random.sample(np.arange(N)，N_train)

# break your data into training and testing subsets
features_train = features[idx_train, :]
target_train = target[idx_train]
features_test = features[~idx_train, :]
target_test = target[~idx_train]

# build a model on the training set
model = train(features_train，target_train)

# generate model predictions on the testing set
preds_test = predict(model，features_test)
```

```
# evaluate the accuracy of the predictions
accuracy = evaluate_acc(preds_test, target_test)
```

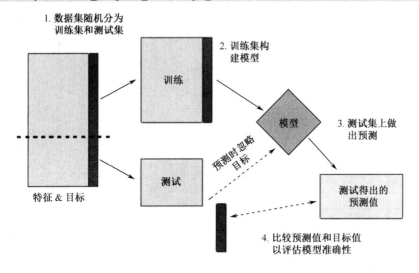

图 3-10　留出法的流程

3.2.2　交叉验证法

1. 交叉验证法的概念

交叉验证法（cross validation）可以很好地解决留出法的问题，它对数据量的要求不高，并且样本信息损失不多。交叉验证法先将数据集 D 划分为 k 个大小相似的互斥子集，即

$$D = D_1 \cup D_2 \cup \cdots \cup D_k，且 D_i \cap D_j = \varnothing (i \neq j)$$

为了保证数据分布的一致性，从数据集 D 中随机分层抽样即可。之后，每次都将 k-1 个子集的并集作为训练集，余下的那个子集作为测试集，这样就可以获得 k 组训练/测试集，从而进行 k 次训练和测试，最终返回这 k 组测试的均值。

初始数据集的概率分布为

$$P(D) = P(D_1)P(D_2)P(D_3)\cdots P(D_9)P(D_{10})$$

10 折交叉验证的第一折的训练集的概率分布为

$$P(D') = P(D_1)P(D_2)P(D_3)\cdots P(D_9)$$

具体来说，以 k=10 为例，第 1 次选取第 10 份数据为测试集，前 9 份为训练集；第 2 次选取第 9 份数据为测试集，第 1~8 份和第 10 份为训练集；…；第 10 次选取第 1 份数据为测试集，第 2~9 份为训练集，则会得到 10 组不同的训练集和测试集。然后用这些训练集和测试集进行试验，最后将各试验得到的评估值的均值作为最终评估结果。很容易发现，利用交叉验证法得到的结果具有的稳定性和保真性很大程度上取决于 k 的选择，为了强调这一点，交叉验证法也称"k 折交叉验证法"，k 最常取的是 10，也有取 5 或 20 的。图 3-11 所示为 10 折交叉验证法的示意图。

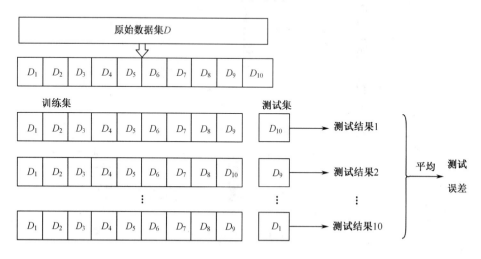

图 3-11　10 折交叉验证法的示意图

2. 交叉验证法与留出法的比较

与留出法相比，交叉验证法的数据损失较小，更加适用于小样本，但是其计算复杂度变高，存储空间变大。极端地来说，如果将数据集 D（m 个样本）分成 m 份，每次都取 $m-1$ 个样本为训练集，余下的那一个为测试集，共进行 m 次训练和测试，这种方法被称为留一法。留一法的优点显而易见，其数据损失只有一个样本，并且不会受到样本随机划分的影响；但是，其计算复杂度过高，空间存储占用过大。

Python 实现交叉验证法，需要使用 SKlearn 包，代码如下。

```
import numpy as np
from sklearn.model_selection import KFold
X = np.array([[1, 2], [3, 4], [1, 2], [3, 4]])
#y = np.array([1, 2, 3, 4])


kf = KFold(n_splits=2)
#2 折交叉验证，将数据分为两份，即前后对半分，每次取一份作为 test 集
for train_index, test_index in kf.split(X):
    print('train_index', train_index, 'test_index', test_index)
```

```
    #train_index 与 test_index 为下标
    train_X = X[train_index]
    test_X= X[test_index]
print("train_X", train_X)
print("test_X", test_X)
```

实验结果如图 3-12 所示。

```
train_index [2 3] test_index [0 1]
train_index [0 1] test_index [2 3]
train_X [[1 2]
 [3 4]]
test_X [[1 2]
 [3 4]]
```

图 3-12　实验结果

3. k 折交叉验证评估模型的性能

训练机器学习模型的关键一步是要评估模型的泛化能力。如果训练好模型后，还是用训练集来评估模型的性能，这显然是不符合逻辑的。一个模型如果性能不好，要么是因为模型过于复杂导致过拟合（高方差），要么是模型过于简单导致欠拟合（高偏差）。可是，用什么方法评价模型的性能呢？这就是本节要解决的问题，你会学习到两种交叉验证计数（hold-out 交叉验证和 k 折交叉验证）来评估模型的泛化能力。

将原始数据集划分为训练集和测试集，前者用于训练模型，后者用于评估模型的性能，如图 3-13 所示。

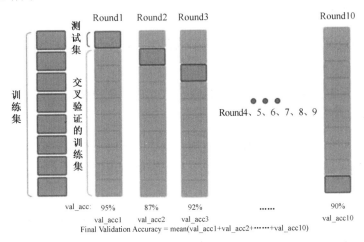

图 3-13　k 折交叉验证

每次的测试集将不再只包含一个数据，而是多个数据，具体数目将根据 k 的选取决定。取平均得到最后的 MSE 为

$$CV_{(k)} = \frac{1}{k}\sum_{i=1}^{k} MSE_i$$

在图 3-14 中，蓝色线表示真实的 test MSE，而黑色虚线和橙色线则分别表示 LOOCV 方法和 10-fold CV 方法得到的 test MSE。

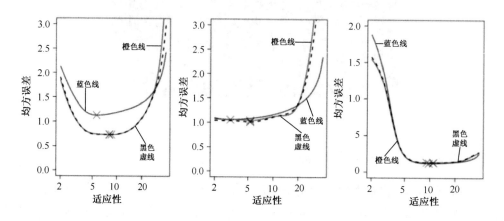

图 3-14　k 折交叉验证评估模型的性能

4. 使用交叉验证的注意事项

交叉验证为我们在实际使用机器学习模型时提供了一种估计准确率的方法，这非常有用，使得我们能够挑选出适用于任务的模型。但是，在现实数据中，应用交叉验证方法还有几点事项需要注意。

（1）在 k-fold 方法交叉验证中 k 的值选得越大，误差估计得越好，但是程序运行的时间越长。

解决方法：尽可能选取 k=10（或者更大）。对于训练和预测速度很快的模型，可以使用 leave-one-out 的教程验证方法。

（2）一些数据集会用到时序相关的特征。例如，利用上个月的税收来预测本月的税收。如果你的数据集也属于这种情况，那么你必须确保将来的特征不能用于预测过去的数值。

解决方法：你可以构造交叉验证的 hold-out 数据集或 k-fold，使得训练数据在时序上总是早于测试数据。k 折交叉验证流程如图 3-15 所示。

第 3 章 模型评估与选择

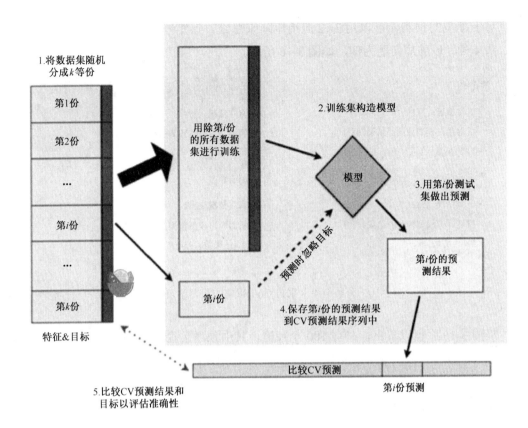

图 3-15 k 折交叉验证流程

3.3 模型的性能度量

3.3.1 基本概念

判断各种机器学习方法训练而成的模型输出结果的好坏，需要一些评估方法，本节介绍二分类算法的几种评估方法。

对于样本来说，通常有两种类型：一种是正类别；另一种是负类别。正负类别本身没有褒义贬义的含义，纯粹为了区分二分类两种不同情况。例如，"有没有狼的问题"，可以认为狼来了是正类别，没有狼是负类别；"肿瘤是恶性还是良性"，恶性可以作为正类型，良性作为负类别。

对于模型的预测，可以用 2×2 混淆矩阵来总结，该矩阵描述了所有可能出现的结果，共 4 种，以肿瘤问题为例，如图 3-16 所示。

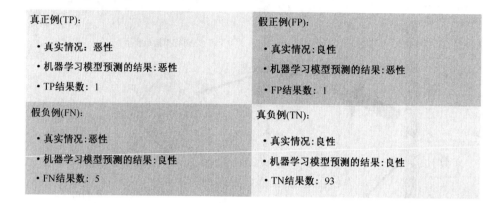

图 3-16　分类结果（来自 Google 官方机器学习教程）

从图 3-16 中可以看出，共有 100 个肿瘤，其中预测正确有 94 个（含 1 个恶性、93 个良性），预测错误有 6 个（实际含 5 个恶性、1 个良性）。

3.3.2　性能度量

1. 性能评估

要评价学习模型的泛化性能，需要有效可行的实验估计方法，也要有衡量模型泛化能力的评价准则，即性能度量。

性能评估反映了任务要求。在比较不同模型的能力时，不同的性能度量会导致不同的评价结果。这意味着好的模型是相对于坏的模型而言的。什么样的模型好，不仅取决于算法和数据，还取决于任务需求。

2. 度量方法选取

通常会通过性能度量（performance measure）的方式去判断一个模型的好与坏，但是在对比不同模型的能力时，使用不同的性能度量往往会导致不同的评判结果。针对不同的机器学习任务，也存在不同的性能度量方法。图 3-17 所示为回归的一种线性模型输出。

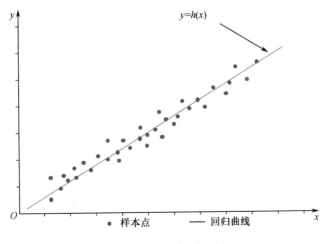

图 3-17 回归的一种线性模型输出

3.3.3 回归性能度量指标

1. 回归任务性能

回归任务最常用的指标是"均方误差"（mean square error）：给定样例集 $D=\{(x_1,y_1),(x_2,y_2),\cdots,(x_i,y_i),\cdots,(x_m,y_m)\}$，其中 y_i 是示例 x_i 的真实标记，如图 3-18 所示。记 $f(x)$ 为预测结果。均方误差表示为

$$E(f;D)=\frac{1}{m}\sum_{i=1}^{m}(f(x_i)-y_i)^2$$

式中，$f(x_i)$ 为预测结果；y_i 为真实标签；m 为样本个数；D 为数据集。

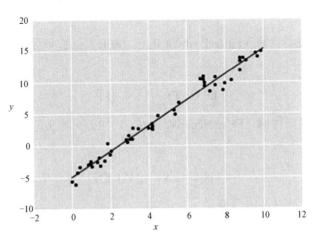

图 3-18 简单线性回归模型

2. 性能度量指标

在机器学习中，衡量、评估和选择一个模型好坏是通过一些常见指标实现的，称为性能指标（metrics）。

针对一个二分类问题，我们首先给出如下基本指标，基于这些指标可以推导出其他指标。

（1）真正例（True Positive，TP），即模型预测为正的正样本个数（将正类预测为正类数）。

（2）假正例（False Positive，FP），即模型预测为正的负样本个数（本来是负样本，预测成了正样本，将负类预测为正类数，即"误报"）。

（3）真负例（True Negative，TN），即模型预测为负的负样本个数（将负类预测为负类数）。

（4）假负例（False Negative，FN），即模型预测为负的正样本个数（本来是正样本，预测成了负样本，将正类预测为负类数，即"漏报"）。

从而引出如下定义。

（1）真正率/真阳性率（True Positive Rate，TPR）或灵敏度（sensitivity）：被预测为正的正样本结果数/正样本实际数（正例的召回率），即

$$TPR = TP / (TP + FN)$$

（2）真负率/真阴性率（True Negative Rate，TNR）或特指度/特异性（specificity）：被预测为负的负样本结果数/负样本实际数（负例的查全率/召回率），即

$$TNR = TN / (TN + FP)$$

（3）假正率/假阴性率（False Positive Rate，FPR）：被预测为正的负样本结果数/负样本实际数，即

$$FPR = FP / (TN + FP)$$

（4）假负率/假阳性率（False Negative Rate，FNR）：被预测为负的正样本结果数/正样本实际数，即

$$FNR = FN / (TP + FN)$$

混淆矩阵关系如图 3-19 所示。

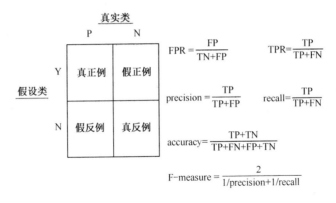

图 3-19 混淆矩阵关系图

3. 错误率和准确率

首先介绍几个常见的基本概念。

（1）一般来说，我们将由学习器/分类器/模型的实际预测输出与样本真实输出之间的差异称为误差（error）。

（2）学习器在训练集上的误差称为训练误差（training error）或经验误差（empirical error）。

（3）训练学习结束后的模型在测试集上的误差称为测试误差（testing error），其是对学习器的泛化误差的评估，是泛化误差的近似。

（4）在新样本上的误差称为泛化误差（generalization error）。在新样本上的预测能力也称为泛化性能（过拟合、欠拟合）。

以下是常用的重要概念。

（1）通常把分类错误的样本数占样本总数的比例称为错误率（error rate）（总体概念，不区分正负样本）。

（2）把分类正确的样本数占样本总数的比例称为准确率（也称为精度、正确率，accuracy 为了统一最好称为准确度），准确率=1－错误率，计算为

$$accuracy = \frac{TP + TN}{TP + FN + FP + TN}$$

注意：accuracy 是一个总体概念，表示了一个分类器的分类能力。此外，这里的区分能力没有偏向于是正例还是负例，这也是 accuracy 作为性能指标最大的问题所在。

4. 精确率

$$precision = \frac{TP}{TP + FP}$$

可理解为"真正属于类别 C 的数量比值找到属于类别 C 的数量"，即样品的比例实

际上是积极的和预计将是积极的在所有的预测为正类占的比例，精确率（precision）将更加注重的负样本被误判成正样本（FP）和预测结果是否准确。

5. 召回率

在医学上常常被称为敏感度（sensitive）。可理解为"真正属于类别 C 的数量比值所有属于类别 C 的数量"，也就是在所有正样本中预测为正的样本占比。召回率（recall，sensitivity，true positive rate，TPR）更注重覆盖率问题和是否对所有需要分类的正样本目标进行分类，计算为

$$recall = \frac{TP}{TP + FN}$$

精确率是针对预测结果而言的，它表示的是预测为正的样本中有多少是正确的。那么预测为正就有两种可能：一种就是把正类预测为正类（TP）；另一种就是把负类预测为正类（FP）。

召回率是针对原来的样本而言的，它表示的是样本中的正例有多少被预测正确了，也有两种可能：一种是把原来的正类预测成正类（TP）；另一种就是把原来的正类预测为负类（FN）。

可以看出，准确率和召回率是相互影响的。在理想情况下，两者都是高的，但一般情况下，准确率高，召回率低；召回率高，准确率低。如果两者都低，那么检查计算错误。

在信息检索领域，精确率和召回率又被称为查准率和查全率。

查准率＝检索出的相关信息量 / 检索出的信息总量

查全率＝检索出的相关信息量 / 系统中的相关信息总量

注意：一定要区分精确度和准确率。在网络安全领域中，更注重漏报率和误报率，也就是精确率和召回率。在正负样本不平衡的情况下，准确性作为评价指标存在较大缺陷和片面性。例如，在互联网广告中，点击量非常小的一般只有千分之几。如果使用accuracy，即使所有的预测都是负类的（没有点击），那么accuracy也会超过99%，这是没有意义的。

6. F1 分数

F1 分数（F1 score）是精确率和召回率的调和平均数。这需要两者的贡献，所以F1越高越好。在精确率和召回率两者都要求高的情况下，综合衡量 P 和 R 就用 F1 值。在精确率和准确率都高的情况下，F1 值也会高。

$$\text{F1 score} = 2 \times P \times R / (P+R)$$

式中，P 和 R 分别为 precision 和 recall。

有时，对 precision 与 recall 赋予不同的权重，表示对分类模型的查准率与查全率的不同偏好：综合评价指标 F-measure。

precision 和 recall 指标有时会出现矛盾的情况，这样就需要综合考虑它们，最常见的方法就是 F-measure（又称为 F-score）。F-measure 是 precision 和 recall 加权调和平均。

$$F_\beta = \frac{(1+\beta^2)\text{TP}}{(1+\beta^2)\text{TP} + \beta^2\text{FN} + \text{FP}} = \frac{(1+\beta^2) \cdot \text{precision} \times \text{recall}}{\beta^2 \cdot \text{precision} + \text{recall}}$$

其中，$\beta > 0$ 度量了查全率对查准率的相对重要性。可以看到，当 β 为 1 时，该公式就是 F1 值（F1 score），反映了模型分类能力的偏好；当 $\beta > 1$ 时，查全率有更大影响；当 $\beta < 1$ 时，查准率有更大影响。β 越大时，precision 的权重越大，我们希望 precision 越小，而 recall 应该越大，说明模型更偏好于提升 recall，意味着模型更看重对正样本的识别能力；而 β 越小时，recall 的权重越大，因此我们希望 recall 越小，而 precision 越大，模型更偏好于提升 precision，意味着模型更看重对负样本的区分能力。

在一些应用中，对查准率和查全率的重视程度不同。例如，在产品推荐系统中，为了尽可能少地干扰用户，更希望推荐的内容是用户真正感兴趣的，所以准确性就更重要。在逃犯信息检索系统中，尽可能少地漏掉逃犯，因此召回率显得尤为重要。此时，可以通过调节 β 参数来实现。

F1 度量平衡了 precision 和 recall，是调和平均，而 F_β 则是加权调和平均。与算术平均和几何平均相比，调和平均更重视较小值。其原因是调和平均会在 P 和 R 相差较大时偏向较小的值，是最后的结果偏差，比较符合人的主观感受。

一般多个模型假设进行比较时，F1 score 越高，说明它越好。很多推荐系统的评测指标就是用的 F1 值。

3.3.4 回归问题的评估方法

1. 均方误差

能够想到的评估方法是均方误差（mean square error），均方误差又称为平均损失：学习器 f 在数据集上的均方误差为

$$E(f;D) = \frac{1}{m}\sum_{i=1}^{m}(f(x_i) - y_i)^2$$

2. precision 和 recall

为了表述分类任务的预测情况,需要使用表 3-1。

表 3-1 混淆矩阵示意表

真实结果	预测为正	预测为反
真正为正	TP(真正例)	FN(假反例)
真正为反	FP(假正例)	TN(真反例)

在表 3-1 中,矩阵中的值的正例和反例是根据预测结果来决定的,预测为正(positive),那么结果就是正例,和真实结果相符为真正例(TP),和真实结果相反为假正例(FP)。同理,预测为反(negative),有假反例(FN)和真反例(TN)。

3. P-R 曲线的绘制

假如想要提高查全率,就需要把所有的样本都预测为正,这时准确率势必会下降。很多模型在样本预测时并不是单纯的得出一个正、负这样的分类值,而是得到一个 0~1 的概率值,表示预测为正的概率为多大,然后通过这个数和一个阈值比较(通常为 0.5),比这个阈值大的预测为正例,比这个阈值小的预测为反例。

当调整这个阈值时,预测的结果就会改变,所以绘制 P-R 曲线时是以这个阈值为自变量的,阈值改变的时候,查准率和查全率就会改变,将不同的阈值对应的 precision 和 recall 的值绘制到图形上面就形成了 P-R 曲线图。

刚开始,阈值很高,这样预测出来的样本中正例样本很少,但是能保证这些预测为正的样本的确是真正的样本,也就是 P 值很高。随着阈值的下降,到了极限阈值为 0 的时候,所有样本都预测为正样本,此时 R 值最大,即所有为正的样本都被预测出来了。

图 3-20 所示为一个算法的 P-R 曲线图。

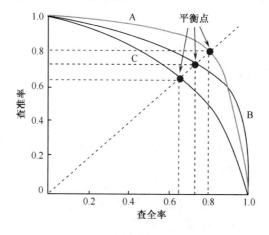

图 3-20 一个算法的 P-R 曲线图

4. 和方差

和方差（SSE）是拟合数据和原始资料对应点的误差的平方和，计算公式为

$$SSE = \sum_{i=1}^{n} w_i (y_i - \hat{y}_i)^2$$

SSE 的值趋近于 0 的程度越高，则此时选择的模型和模型的拟合越好，模型的预测能力也越高。下面提到的 MSE 和 RMSE 都属于 SSE 的一种，所以效果一样。

5. 均方误差

均方误差（Mean Square Error，MSE）是回归问题中最常见的损失函数。均方误差指的是模型预测值 $f(x)$ 与样本真实值 y 之间距离平方的平均值，计算公式为

$$MSE = \frac{1}{m} \sum_{i=1}^{m} w_i (y_i - \hat{y}_i)^2$$

如图 3-21 所示，MSE 曲线的特点是光滑连续、可导，便于使用梯度下降算法，是比较常用的一种损失函数。

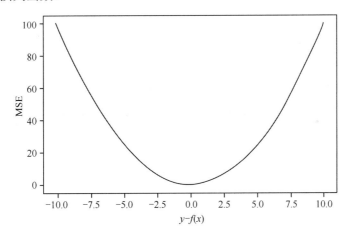

图 3-21　MSE 曲线

6. 均方根误差

均方根误差（RMSE）是拟合数据和原始资料对应点的误差的平方和，计算公式为

$$RMSE = \frac{1}{m} \sqrt{\sum_{i=1}^{m} w_i (y_i - \hat{y}_i)^2}$$

大家可能会产生疑问：这不就是 MSE 开个根号吗？有意义吗？其实实质是一样的。只不过用于资料更好的描述。

例如，要做房价预测，每平方米是万元，预测结果也是万元。那么差值的平方单位

应该是千万级别的，就不太好描述模型效果，于是开个根号就可以了。误差的结果与给的资料是一个级别的，在描述模型时就说模型的误差是多少万元。

7. 平均绝对误差

平均绝对误差（MAE）的计算公式为

$$\mathrm{MAE} = \frac{1}{m}\sum_{i=1}^{m}\left|w_i(y_i - \hat{y}_i)\right|$$

观察图 3-22 可以发现，MAE 的曲线呈 "V" 字形，连续但在 $y-f(x)=0$ 处不可导，计算机求解导数比较困难，而且 MAE 在大部分情况下梯度都是相等的，这意味着即使对于小的损失值，其梯度也是大的。这不利于函数的收敛和模型的学习。

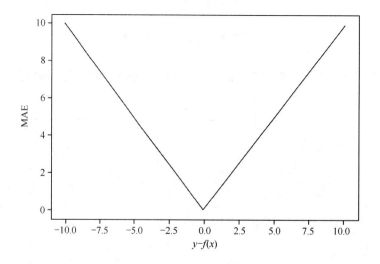

图 3-22　MAE 曲线

第 4 章 特征提取与降维

本章学习目标

- 理解过滤法、封装法、嵌入法 3 种特征提取方法的实现原理。
- 理解和掌握 K-近邻学习。
- 理解并动手实现 PCA 的降维算法。

本章首先介绍过滤法、封装法、嵌入法 3 种特征提取方法；然后介绍目前主流的特征降维方法；最后再详细地描述特征提取与降维的细节。

4.1 特征提取方法——过滤法

4.1.1 过滤法的原理及特点

1. 过滤式特征提取法的原理

使用发散性或相关性指标对各个特征进行评分，选择各特征得分总和大于阈值的特征集或选择前 k 个分数最大的特征。具体来说，计算每个特征的发散性，移除发散性小于阈值的特征比值选择前 k 个分数最大的特征；计算每个特征与标签的相关性，移除相关性小于阈值的特征/比值选择前 k 个分数最大的特征。

2. 过滤式特征提取法的特点

特征提取过程与学习器无关。该过程先对初始特征进行过滤，然后用过滤后的特征来训练学习器。过滤式特征选择法简单、易于运行与理解，数据可解释性强，但对特征优化、提高模型泛化能力来说效果一般。

4.1.2 过滤法的基本类型

1. 相关性过滤

数据选择完毕之后，就要考虑下一个问题：相关性。希望选出与标签相关性高且有意义的特征，因为这样的特征能够提供大量信息。如果特征与标签无关，那么只会白白浪费计算内存，可能还会给数据带来噪声。在 SKlearn 库中，有几种常用的方法来评判特征与标签之间的相关性：卡方、F 检验、互信息等。

2. 卡方过滤

卡方过滤是专门针对离散型标签（分类问题）的相关性过滤。卡方检验类计算每个非负特征和标签之间的卡方统计量，并依照卡方统计量由高到低为特征排名。再结合"评分标准"来选出前 k 个分数最高的特征的类，可以借此除去最可能独立于标签，且与分类目的无关的特征。

另外，如果卡方检验检测到某个特征中所有的值都相同，就会提示我们使用方差先进行方差过滤。并且，刚才已经验证过，当使用方差过滤筛选掉一半的特征后，模型的表现是提升的。因此，这里我们使用阈值等于中位数时完成的方差过滤后的数据来做卡方检验。

4.1.3 过滤法的具体方法

1. 卡方检验法

使用统计量卡方检验作为特征评分标准，卡方检验值越大，相关性越高（卡方检验是评价定性自变量对定性因变量相关性的统计量）。卡方检验是一种非常有用的假设检验方法。它属于非参数检验，主要是比较两个及两个以上样本率（构成比），以及两个分类变量的关联性分析。其本质在于比较理论频数和实际频数的吻合程度或拟合优度情况。

例如，想知道喝牛奶对感冒发病率有没有影响，如表 4-1 所示。

表 4-1 喝牛奶对感冒发病率的影响

分组	感冒人数	未感冒人数	合计	感冒率
喝牛奶组	43	96	139	30.94%
不喝牛奶组	28	84	112	25.00%
合计	71	180	251	28.29%

由表4-1可知,喝牛奶组和不喝牛奶组的感冒率分别为30.94%和25.00%,两者的差别可能由误差导致,也可能牛奶与感冒具有相关性。

为解决此问题,下面进行假设:假设喝牛奶对感冒发病率没有影响,即喝牛奶与感冒无关,所以感冒的发病率实际是(43+28)/ (43+28+96+84)≈28.29%。

所以,可以得到理论的表格如表4-2所示。

表4-2 理论值

分组	感冒人数	未感冒人数	合计
喝牛奶组	=139×0.2829	=139×(1-0.2829)	139
不喝牛奶组	=112×0.2829	=112×(1-0.2829)	112

计算得到表4-3。

表4-3 实际值

分组	感冒人数	未感冒人数	合计
喝牛奶组	39.3231	99.6769	139
不喝牛奶组	31.6848	80.3152	112
合计	71	180	251

如果喝牛奶和感冒是独立的,那么表4-2和表4-3中的理论值和实际值的差将较小。

卡方检验的计算公式为

$$x^2 = \sum \frac{(A-T)^2}{T}$$

式中,A为实际值;T为理论值。

卡方用于衡量实际值与理论值的差异程度,包含以下两个信息:①实际值与理论值偏差的绝对大小;②差异程度与理论值的相对大小。

由卡方检验公式计算可得,x^2=1.077,通过查询卡方分布的临界值表,对应自由度计算公式自由度V=(行数-1)×(列数-1)=1,找到临界概率为3.84,即如果卡方大于3.84,就认为喝牛奶和感冒有95%的概率不相关。显然,1.077<3.84,没有达到卡方分布的临界值,所以喝牛奶和感冒独立不相关的假设不成立。

2. 皮尔逊相关系数法

1)基本概念

两个变量之间的相关系数越高,从一个变量预测另一个变量的准确性就越高。这是因为相关系数越高，两个变量的共同可变部分越多。一个变量的变动可以获取更多有关另一个变量的变动信息。如果两个变量之间的相关系数为1或-1，就可以从变量 X 获得变量 Y 的值。

相关系数：考察两个变量之间的相关程度。

如果有两个变量：X 和 Y，那么其计算出的相关系数的含义可以解释如下。

（1）当相关系数为0时，两个变量 X 和 Y 没有关系。

（2）当 X 的值增加（减少），Y 的值增加（减少）时，这两个变量正相关，相关系数在0.00和1.00之间。

（3）当 X 的值增加（减少），Y 的值减少（增加）时，这两个变量负相关，相关系数在-1.00和0.00之间。

如图4-1所示，相关系数的绝对值越大，则相关性越高，即相关系数越接近于1或-1，相关性越高；反之，相关系数越接近于0，则相关性越低。

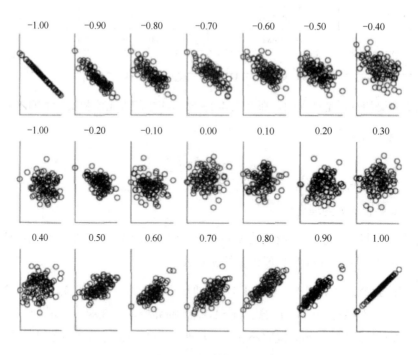

图4-1 皮尔逊系数

在通常情况下，通过取值范围判断变量的相关强度，如表4-4所示。

表 4-4 相关系数及意义

相关系数	意义
0.8~1.0	极强相关
0.6~0.8	强相关
0.4~0.6	中等程度相关
0.2~0.4	弱相关
0.0~0.2	极弱相关或无相关

2）原理

皮尔逊相关也称为积差相关（或积矩相关），是英国统计学家皮尔逊于 20 世纪提出的一种计算直线相关的方法。

假设有两个变量 X、Y，那么两个变量之间的皮尔逊相关系数可通过以下 4 个等价公式计算。

公式一：

$$\rho_{X,Y} = \frac{\text{cov}(X,Y)}{\sigma_X \sigma_Y} = \frac{E((X-\mu_X)(Y-\mu_Y))}{\sigma_X \sigma_Y} = \frac{E(XY) - E(X)E(Y)}{\sqrt{E(X^2) - E^2(X)}\sqrt{E(Y^2) - E^2(Y)}}$$

公式二：

$$\rho_{X,Y} = \frac{N\sum XY - \sum X \sum Y}{\sqrt{N\sum X^2 - (\sum X)^2}\sqrt{N\sum Y^2 - (\sum Y)^2}}$$

公式三：

$$\rho_{X,Y} = \frac{\sum(X-\overline{X})(Y-\overline{Y})}{\sqrt{\sum(X-\overline{X})^2 \sum(Y-\overline{Y})^2}}$$

公式四：

$$\rho_{X,Y} = \frac{\sum XY - \frac{\sum X \sum Y}{N}}{\sqrt{(\sum X^2 - \frac{(\sum X)^2}{N})(\sum Y^2 - \frac{(\sum Y)^2}{N})}}$$

3）注意事项

皮尔逊的相关系数是协方差与标准差的比率，因此对数据有更高的要求。

首先，通常将实验数据假定为符合正态分布的总体。因为得到皮尔逊相关系数后，我们通常会使用 t 检验或其他方法来测试皮尔逊相关系数，而 t 检验是基于数据呈正态分布的假设。

其次，实验数据之间的差距不应太大，否则异常值会大大影响皮尔逊相关系数。例如，在心跳和跑步的示例中，如果该人的心脏不是很好，他以一定速度跑步后会突发心脏病，那么我们只能测量到偏离正常值的心跳（太快或太慢，甚至为0），如果将该值用于相关性分析，将极大地干扰计算结果。

两个变量之间的相关系数越高，从一个变量预测另一个变量的准确性就越高。这是因为相关系数越高，两个变量的共同变化的部分越多。一个变量的变动可以获取更多有关另一个变量的变动信息。如果两个变量之间的相关系数为 1 或-1，那么可以从一个变量获得另一个变量的值。

4.2 特征提取方法——封装法

4.2.1 封装法的思想

将特征选择过程和训练过程融合起来，并且将模型的预测能力作为衡量特征子集（如分类精度）的选择标准，有时可以添加复杂度惩罚因子。多元线性回归中的前向搜索和后向搜索可以说是封装方法的简单实现。一般地，不同的学习算法需要匹配不同的封装方法。

递归消除特征法使用一个基础模型来进行多轮训练，每训练一轮后，移除平方值最小的那个序号 i 对应的特征，再基于新的特征集进行下一轮训练。以此类推，直到剩下的特征数满足我们的要求为止。

4.2.2 封装法的代表方法

特征的选取方式一共有 3 种，在 SKlearn 实现了的封装式（wrapper）特征选取只有两个递归式特征消除的方法。

递归消除特征法（Recursive Feature Elimination，RFE）通过学习者返回的 coef 属性或 feature_importances 属性获得每个特征的重要性。然后，从当前特征集中删除最不重要的特征。在特征集上重复此递归步骤，直到最终达到所需的特征数量。

RFECV 通过交叉验证来找到最优的特征数量。如果减少特征会造成性能损失，那么将不会去除任何特征。这个方法用以选取单模型特征相当不错，但是有两个缺陷：①计算量大；②随着学习器（评估器）的改变，最佳特征组合也会改变，有时会造成不利影响。

4.3 特征提取方法——嵌入法

4.3.1 嵌入法的思想

学习算法原本就包括了特征选择的过程，如决策树之类的分类器，它们在确定分支点时就会选择最有效的特征来划分数据。然而，该方法在局部空间中进行选择，效果相对有限。

4.3.2 嵌入法的代表方法

1. 使用带惩罚项的基模型进行特征选择

使用带惩罚项的基模型进行特征选择，如 LR 加入正则。通过 L1 正则项选择特征：L1 正则方法具有稀疏解的特点，因此自然具有特征选择的功能，但是需要注意，未被 L1 选择的特征并不意味着它不重要，因为高度相关的两个特征可能只保留其中一个。如果要确定哪个特征更加重要，那么应通过 L2 方法交叉检查。

2. 树模型的特征选择

树模型的特征选择［随机森林（random forest）、决策树］，训练一个能够对特征进行评分的预选模型：随机森林和逻辑回归（logistic regression）等都能对模型的特征进行评判，通过得分获得相关性大小后再训练最终模型。

4.4 K-近邻学习

4.4.1 K-近邻学习简介

K-近邻（K-Nearest Neighbor，KNN）学习算法，是众多分类器中最简单易懂的一种。K-近邻比较符合人们的直观感受，即人们在观察事物，对事物进行分类时，最容易想到的就是看谁离那一类最近，谁就属于那一类，即俗话常说的"近朱者赤，近墨者黑"，人们自然而然地把这种观察方式延伸到数据分类处理领域。传统的 KNN 算法是利用欧几里得距离来划分事物类别的。图 4-2 所示为 K-近邻学习的示意图。

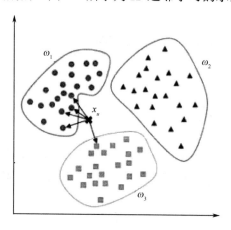

图 4-2　K-近邻学习示意图

4.4.2　KNN 模型

1. 算法描述

KNN 是通过计算样本特征之间的距离对样本进行分类的。遵循如下假设：假如一个样本的特征空间中的 k 个最接近的样本中的大多数都属于某个相同的类别，那么该样本也被划分到该类别中。在 KNN 算法中，选定的邻居是已经知道分类类别的样本。该方法仅根据分类决策中最接近的一个或几个样本的类别来确定要分类的样本的类别。具体算法步骤如下。

（1）计算测试数据与每个训练数据之间的距离。

（2）依据距离的递增关系排序。

（3）选取距离最小的 k 个点。

（4）确定前 k 个点的类别的出现频率。

（5）返回前 k 个点中频率最高的类别作为测试数据的预测类别。

2. 距离度量

$$D(x, y) = (\sum_{i=1}^{n} |x_i - y_i|^p)^{\frac{1}{p}}$$

上式表示在 n 维空间中有两点坐标 x 和 y，p 为常数的闵氏距离定义。在 K-近邻模型中一般使用的距离是欧氏距离，即式中的 p =2。当 p=1 时，称为曼哈顿距离，当 $p \to \infty$ 时，称为切比雪夫距离。当然，选择不同的距离度量确定的近邻点也是不同的。

3. k 值的选择

如果 k 值的选择过小，如极端值 k=1（这时算法称为最近邻算法），结果将会归为最近邻的那一个点所属的类别，但是当这个最近邻点为噪声时，那么预测将会出错。也就是说，k 值的减少会增大模型的复杂程度，容易发生过拟合。

如果 k 值的选择过大，如极端值 k=N（N 为样本容量），那么无论输入什么实例，预测的结果均为训练集中最多的类，这时模型又过于简单。

在实际应用中，通常会采用交叉验证的方法选择最优的 k 值。

4. 决策规则

对于分类问题的 K-近邻模型来说，常用的决策规则是多数表决，即由输入实例的 k 个近邻的训练实例中的多数类别来决定输入实例的类别。多数表决规则等价于误分类率最小化（经验风险最小化）。

4.4.3 KNN 模型举例

在图 4-3 中，绿色圆形要被决定属于哪一类，是红色三角形还是蓝色四方形？如果 k=3，由于红色三角形占比为 2/3，绿色圆形将被判定属于红色三角形的类，如果 k=5，由于蓝色四方形占比为 3/5，绿色圆形将被判定属于蓝色四方形的类。每当有新的样本放入，均以此规则进行。

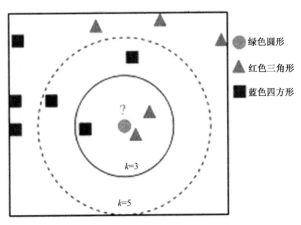

图 4-3　KNN 算法的 3 分类示意图

4.4.4 KNN 模型的特点

KNN 算法不仅可以用于分类,还可以用于过渡,如在两个色度之间取过渡色。

KNN 算法当前主要使用加权投票算法,即根据距离的远近,对近邻进行加权,距离越近权重越大(权重一般为距离平方的倒数)。

其优点是:简单,易于理解和实现,无估计参数,无须训练,适合对小概率事件进行分类(例如,当流失率很低时,如低于 0.5%,构造流失预测模型),特别适用于多分类问题(multi-modal,对象具有多个类别标签)。例如,根据基因特征来判断其功能分类,KNN 比 SVM 的表现要好。

其缺点是:懒惰算法,对测试样本分类时的计算量大,内存开销大,评分慢,可解释性较差,无法给出决策树那样的规则。

4.5 主成分分析

4.5.1 主成分分析的定义

主成分分析法(Principal Component Analysis,PCA),顾名思义,就是提取出数据中主要的成分,是一种数据压缩方法,常用于去除噪声、数据预处理,也是机器学习中常见的降维方法。PCA 就是用一个超平面(直线的高维推广)对所有样本进行恰当的表达。例如,一个三维图形(特征数为 3),我们想将它降低到二维(特征数为 2),最容易想到的就是投影到一个平面上,但这个平面不一定恰好就是平面或其他坐标轴平面,而是一个能尽量接近原始数据信息的平面(由于总是不可避免地丢失一些信息,因此这也是 PCA 的缺点),如图 4-4 所示。

这个超平面应该具有两大性质,分别为最近重构性和最大可分性。最近重构性表示样本点到这个超平面的距离都足够近;最大可分性表示样本点在这个超平面上的投影能尽量分开。

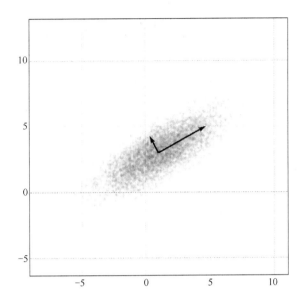

图 4-4 二维数据的 PCA 分解示意图

4.5.2 主成分分析原理

1. 特征参数矩阵的构建

根据所求的特征参数,构建运动学片段特征的参数矩阵,定义如下。

$$A_{m\times n} = \begin{bmatrix} a_{11} & a_{12} & \cdots & a_{1n} \\ a_{21} & a_{22} & \cdots & a_{2n} \\ \vdots & \vdots & \ddots & \vdots \\ a_{m1} & a_{m2} & \cdots & a_{mn} \end{bmatrix}$$

式中,$a_{ij}(i=1,2,\cdots,m;j=1,2,\cdots,n)$ 为第 i 个运动学片段的第 j 个特征。

2. 特征参数标准化处理

在实际情况中,特征数据之间存在较大的量纲的差别,因此,在进行特征的距离计算之前需要对数据进行无量纲处理,消除量纲对数据计算的影响。因此,对矩阵 A 进行标准化获得标准化后的矩阵 X。

$$X = [X_1, X_2, \cdots, X_n] = \begin{bmatrix} x_{11} & x_{12} & \cdots & x_{1n} \\ x_{21} & x_{22} & \cdots & x_{2n} \\ \vdots & \vdots & \ddots & \vdots \\ x_{m1} & x_{m2} & \cdots & x_{mn} \end{bmatrix}$$

$$x_{ij} = a_{ij} - \overline{a}_j / s_j$$

$$\bar{a}_j = \frac{1}{m}\sum_{i=1}^{m} a_{ij}$$

$$s_j^2 = \frac{1}{m-1}\sum_{i=1}^{m}(a_{ij} - \bar{a}_j)$$

3. 计算协方差矩阵和相关系数矩阵

再由 $\boldsymbol{X}$ 计算协方差矩阵 $\boldsymbol{\Sigma}$，计算公式为

$$\boldsymbol{\Sigma} = \begin{bmatrix} s_1^2 & \text{cov}(1,2) & \cdots & \text{cov}(1,n) \\ \text{cov}(2,1) & s_2^2 & \cdots & \text{cov}(2,n) \\ \vdots & \vdots & \ddots & \vdots \\ \text{cov}(n,1) & \text{cov}(n,2) & \cdots & s_n^2 \end{bmatrix}$$

$$s_x^2 = \text{cov}(x,x)$$

$$\text{cov}(x,y) = \text{cov}(y,x) = \frac{1}{m-1}\sum_{i=1}^{m}(x_i - \bar{x})(y_i - \bar{y})$$

计算相关系数矩阵 $\boldsymbol{R}$，计算公式为

$$\boldsymbol{R} = \frac{1}{m-1}\begin{bmatrix} r_{11} & r_{12} & \cdots & r_{1n} \\ r_{21} & r_{22} & \cdots & r_{2n} \\ \vdots & \vdots & \ddots & \vdots \\ r_{m1} & r_{m2} & \cdots & r_{mn} \end{bmatrix}$$

$$r_{xy} = \frac{\text{cov}(x,y)}{s_x s_y}$$

4. 确定主成分个数

用 λ_i 表示矩阵 $\boldsymbol{R}$ 的特征参数，将矩阵 $\boldsymbol{R}$ 的 n 个特征值按照从小到大的顺序排序，即得到 ($\lambda_1 \geqslant \lambda_2 \geqslant \cdots \geqslant \lambda_n \geqslant 0$)，计算出相应的正交化特征参数向量为

$$[e_1, e_2, \cdots, e_n] = \begin{bmatrix} e_{11} & e_{12} & \cdots & e_{1n} \\ e_{21} & e_{22} & \cdots & e_{2n} \\ \vdots & \vdots & \ddots & \vdots \\ e_{m1} & e_{m2} & \cdots & e_{mn} \end{bmatrix}$$

设 $\lambda_i / \sum_{j=1}^{n} \lambda_j$ 为第 i 个主成分的贡献率，贡献率越大，所体现的信息越多，前 r 个参数的贡献率 dec 计算如下。

$$\text{dec} = \frac{\sum_{r=1}^{l} \lambda_r}{\sum_{j=1}^{n} \lambda_j}$$

本实验中取 dec＝90%，在最大程度地保存车辆行驶信息的情况下进行降维。因此，通过这个约束条件，我们将运动学片段的特征数据最终降到 14 维。

5. 计算主成分载荷矩阵

计算公式为

$$\boldsymbol{T} = \begin{bmatrix} t_{11} & t_{12} & \cdots & t_{1n} \\ t_{21} & t_{22} & \cdots & t_{2n} \\ \vdots & \vdots & \ddots & \vdots \\ t_{m1} & t_{m2} & \cdots & t_{mn} \end{bmatrix}$$

其中，$t_{ij} = \sqrt{\lambda_i e_{ij}}$ $(i=1,2,\cdots,m; j=1,2,\cdots,n)$。

6. 计算主成分得分值

经过主成分降维后，新的主成分由线性相关的成分通过线性组合得到新的主成分，表达式为

$$\begin{aligned} F_1 &= e_{11}X_1 + e_{12}X_2 + \cdots + e_{1n}X_n \\ F_2 &= e_{21}X_1 + e_{22}X_2 + \cdots + e_{2n}X_n \\ &\vdots \\ F_n &= e_{n1}X_1 + e_{n2}X_2 + \cdots + e_{nn}X_n \end{aligned}$$

进而获得主成分得分矩阵为

$$\boldsymbol{F} = \begin{bmatrix} F_{11} & F_{12} & \cdots & F_{1n} \\ F_{21} & F_{22} & \cdots & F_{2n} \\ \vdots & \vdots & \ddots & \vdots \\ F_{m1} & F_{m2} & \cdots & F_{mn} \end{bmatrix}$$

4.6　K-近邻学习案例

4.6.1　实验步骤

打开 IntelliJ IDEA 或 PyCharm。

(1) 导入 KNN 所依赖的包，代码如下。

```
import matplotlib.pyplot as plt
#导入数组工具
import numpy as np
#导入数据集生成器
from sklearn.datasets import make_blobs
#导入 KNN 分类器
from sklearn.neighbors import KNeighborsClassifier
```

生成样本为 200 个，分类为 2 的数据集。

n_samples 表示待生成的样本的总数。

n_features 表示每个样本的特征数。

centers 表示类别数。

cluster_std 表示每个类别的方差，如我们希望生成二类数据，其中一类比另一类具有更大的方差。

random_state 表示生成随机数据。参数相同，产生的图形相同。

```
data=make_blobs(n_samples=200, n_features=2,centers=2, cluster_std=1.0, random_state=8)
```

（2）把数据生成的随机数据的(x,y)值传给 X 和 Y，把 KNN 分类器命名简化。

（3）对随机产生的数据进行训练，提取 x 的最小值和最大值，提取 y 的最小值和最大值，并生成网格矩阵。

```
X,Y=data
  clf = KNeighborsClassifier()
  clf.fit(X,Y)
x_min,x_max=X[:,0].min()-1,X[:,0].max()+1
y_min,y_max=X[:,1].min()-1,X[:,1].max()+1
```

生成网格坐标矩阵，简单介绍以下 meshgrid。

主要使用的函数为$[X,Y]$=meshgrid(xgv,ygv)。

meshgrid 函数生成的 X 和 Y 是大小相等的矩阵，xgv 和 ygv 是两个网格矢量，都是行向量。

X：通过将 xgv 复制 length(ygv)行［严格意义上是 length(ygv)-1 行］得到。

Y：首先对 ygv 进行转置得到 ygv'，将 ygv'复制［length(xgv)-1］次得到。

```
xx,yy=np.meshgrid(np.arange(x_min,x_max,.02),np.arange(y_min,y_max,.02))
```

(4)进行预测,代码如下。

```
z=clf.predict(np.c_[xx.ravel(),yy.ravel()])
```

(5)绘制分类图,代码如下。

```
z=z.reshape(xx.shape)
plt.pcolormesh(xx,yy,z,cmap=plt.cm.Pastel1)
```

(6)传入参数,代码如下。

```
plt.scatter(X[:,0], X[:,1],s=80, c=Y, cmap=plt.cm.spring, edgecolors='k')
plt.xlim(xx.min(),xx.max())
plt.ylim(yy.min(),yy.max())
```

(7)写标题并展示,代码如下。

```
plt.title("Classifier:KNN")
plt.show()
```

该案例代码如下。

```
import matplotlib.pyplot as plt
import numpy as np
from sklearn.datasets import make_blobs
from sklearn.neighbors import KNeighborsClassifier

data=make_blobs(n_samples=200, n_features=2,centers=2, cluster_std=1.0, random_state=8)
X,Y=data
clf = KNeighborsClassifier()
clf.fit(X,Y)

x_min,x_max=X[:,0].min()-1,X[:,0].max()+1
y_min,y_max=X[:,1].min()-1,X[:,1].max()+1
xx,yy=np.meshgrid(np.arange(x_min,x_max,.02),np.arange(y_min,y_max,.02))
z=clf.predict(np.c_[xx.ravel(),yy.ravel()])

z=z.reshape(xx.shape)
plt.pcolormesh(xx,yy,z,cmap=plt.cm.Pastel1)
plt.scatter(X[:,0], X[:,1],s=80, c=Y, cmap=plt.cm.spring, edgecolors='k')
plt.xlim(xx.min(),xx.max())
plt.ylim(yy.min(),yy.max())
plt.title("Classifier:KNN")
plt.show()
```

4.6.2 实验结果

实验结果如图 4-5 所示。

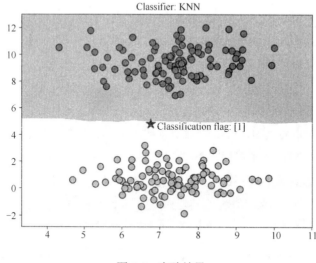

图 4-5　实验结果

在进行分类之前,可以将生成的数据集进行可视化,看一看分类前与分类后的对比。将生成的数据进行可视化的代码如下。

```
plt.scatter(X[:,0], X[:,1],s=80, c=Y, cmap=plt.cm.spring, edgecolors='k')
plt.show()
```

分类前数据集如图 4-6 所示。

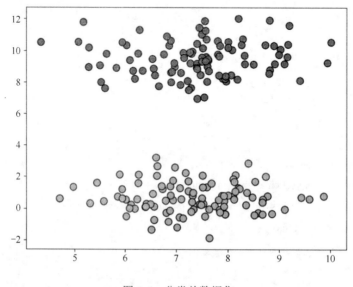

图 4-6　分类前数据集

分类后数据集如图 4-7 所示。

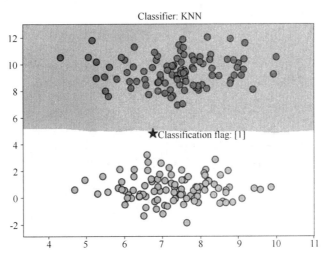

图 4-7　分类后数据集

接下来，再使用 scikit-learn 的 make_blobs 函数来生成一个样本数量为 500 个，分类数量为 5 的数据集，并使用 KNN 算法来对其进行分类。

因为这个代码与前面的代码非常相似，在此就不一一标识了。

```
import matplotlib.pyplot as plt
import numpy as np
from sklearn.datasets import make_blobs
from sklearn.neighbors import KNeighborsClassifier

data=make_blobs(n_samples=500, n_features=2,centers=5, cluster_std=1.0, random_state=8)
X,Y=data
clf = KNeighborsClassifier()
clf.fit(X,Y)

x_min,x_max=X[:,0].min()-1,X[:,0].max()+1
y_min,y_max=X[:,1].min()-1,X[:,1].max()+1
xx,yy=np.meshgrid(np.arange(x_min,x_max,.02),np.arange(y_min,y_max,.02))
z=clf.predict(np.c_[xx.ravel(),yy.ravel()])

z=z.reshape(xx.shape)
plt.pcolormesh(xx,yy,z,cmap=plt.cm.Pastel1)
plt.scatter(X[:,0], X[:,1],s=80, c=Y,  cmap=plt.cm.spring, edgecolors='k')
```

```
plt.xlim(xx.min(),xx.max())
plt.ylim(yy.min(),yy.max())
plt.title("Classifier:KNN")

plt.scatter(0,5,marker='*',c='red',s=200)

res = clf.predict([[0,5]])
plt.text(0.2,4.6,'Classification flag: '+str(res))
plt.text(3.75,-13,'Model accuracy: {:.2f}'.format(clf.score(X, Y)))

plt.show()
```

实验结果如图 4-8 所示。

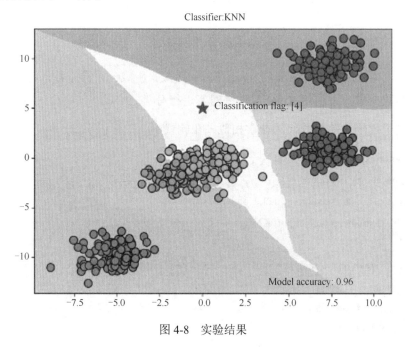

图 4-8　实验结果

4.7　主成分分析案例（PCA 降维）

4.7.1　实验步骤

首先，训练集有 6 组数据，每组数据有 4 个特征，目的是将其降到二维，也就是两个特征。

(1) 导入 numpy 包,代码如下。

```
import numpy as np
```

(2) 从 SKlearn 导入 PCA,代码如下。

```
from sklearn.decomposition import PCA
```

(3) 创建数组,代码如下。

```
X = np.array([[-1,2,66,-1], [-2,6,58,-1], [-3,8,45,-2], [1,9,36,1], [2,10,62,1], [3,5,83,2]])
```

(4) 使用 PCA 降维,降到二维(后面详细介绍 n_components),代码如下。

```
pca = PCA(n_components=2)
```

(5) 训练数组中的数据,代码如下。

```
pca.fit(X)
```

(6) 降维后的数据,代码如下。

```
newX=pca.fit_transform(X)
```

(7) 输出贡献率,代码如下。

```
print(pca.explained_variance_ratio_)
```

(8) 输出降维后的值,代码如下。

```
print(newX)
```

该案例代码如下。

```
import numpy as np
from sklearn.decomposition import PCA

X = np.array([[-1,2,66,-1], [-2,6,58,-1], [-3,8,45,-2], [1,9,36,1], [2,10,62,1], [3,5,83,2]])

pca = PCA(n_components=2)
pca.fit(X)
newX=pca.fit_transform(X)

print(pca.explained_variance_ratio_)
print(newX)
```

4.7.2 实验结果

实验结果如图 4-9 所示。

```
[0.95713353 0.03398198]
[[  7.96504337   4.12166867]
 [ -0.43650137   2.07052079]
 [-13.63653266   1.86686164]
 [-22.28361821  -2.32219188]
 [  3.47849303  -3.95193502]
 [ 24.91311585  -1.78492421]]
```

图 4-9　实验结果

第一行为各主成分的贡献率，从图中可以看出，第一个特征占了很大比重，后面几行是降维后的数据。

4.7.3　PCA 参数介绍

本节主要介绍如何使用基于 sklearn.decomposition.PCA 的 PCA 降维。PCA 类基本上不需要调整参数。一般而言，只需要指定要减少到的维度数，或者想要的减少维度后的主成分的方差和原始维度的所有特征的方差比例的阈值。

下面对 sklearn.decomposition.PCA 的主要参数进行介绍。

（1）n_components：此参数可以指定希望 PCA 减少的特征维度数。最常用的方法是直接指定要减少的维度数。在这种情况下，n_components 是一个大于或等于 1 的整数。当然，还可以指定主成分的方差和其占的最小比例阈值，让 PCA 类自动根据样本特征方差来决定所降的维度数。这时，n_components 是介于 (0, 1) 的数字。当然，也可以将参数设置为"mle"，这时 PCA 类将使用 MLE 算法根据特征的方差分布来自动选择一定数量的主成分以达到降维的目的。此外，还可以使用默认值，即不输入 n_components，其中 n_components = min（样本数，特征数）。

（2）whiten：确定是否执行白化。白化是指在降维后对数据的每个特征进行归一化，使得方差为 1。对于 PCA 降维本身，通常不需要白化。如果在降低 PCA 维数之后有后续数据处理操作，那么可以考虑进行白化。默认值为 False，表示没有白化。

（3）svd_solver：指定奇异值分解 SVD 的方法。由于特征分解是奇异值分解 SVD 的特例，因此一般的 PCA 库都是基于 SVD 实现的。可以选择的 4 个值：{'auto', 'full', 'arpack', 'randomized'}。randomized 通常适用于具有大量数据、多个数据维度和低比例主成分的 PCA 降维，它使用一些随机算法来加速 SVD。full 是传统意义上的 SVD，并使用 scipy 库的相应实现。arpack 和 randomized 的适用场景相似，不同之处在于：randomized 使用 scikit-learn 自己的 SVD 实现；而 arpack 直接使用 scipy 库的稀疏 SVD 实现。默认值为

auto，即 PCA 类将权衡上述 3 种算法并选择合适的 SVD 算法以降低维数。一般来说，默认值就足够了。

除了这些输入参数，还有两个 PCA 类的成员值得关注。第一个参数是解释变量 explained_variance，它表示降维后每个主成分的方差值。方差值越大，主成分就越重要。第二个参数是 explained_variance_ratio，它表示降维后每个主成分的方差与总方差之比。比例越大，主成分越重要。

第 5 章
无监督学习

本章学习目标
- 了解 K-means 聚类。
- 了解基于层次的聚类。
- 了解基于密度的聚类。
- 了解聚类模型性能度量。

本章首先介绍 K-means 聚类,讲述对实例数据的二分 K-means 聚类;然后分别介绍密度聚类和层次聚类,并讲解 DBSCAN 和 AGNES 算法对实例数据进行聚类;最后详细地描述常用的聚类性能度量的外部指标和内部指标。

5.1 K-means 聚类模型

5.1.1 无监督学习

无监督学习(unsupervised learning)是机器学习的一种方法,训练模型需要在没有标签的情况下且在最少的人工监督下寻找数据集中的潜在规律。这与监督学习技术(如分类或回归)相反,在监督学习技术中,模型被赋予一组训练的输入和一组观察值,并且必须学习从输入到观察值的映射。在无监督学习中,提供了没有标签的数据集,并且模型学习了数据集结构的有用属性,我们不告诉模型它必须学习什么,而是允许它找到模式并从未标记的数据中得出结论。

无监督学习也可以称为知识发现,常见的无监督学习技术包括聚类分析(cluster

analysis）、关联规则（association rule）、维度缩减（dimensionality reduction）。聚类问题是想要找出数据中固有的分组，如通过客户的购买行为对客户进行分组。关联规则学习问题是想要发现描述数据大部分的规则，如购买 X 的人也倾向于购买 Y。使用无监督学习的主要原因在于无监督学习能够从庞大的样本集合中选出一些具有代表性的样本子集加以标注。

无监督学习在实践中也有着诸多的案例，一个著名的无监督神经网络模型是生成对抗网络。生成对抗网络能够学习生成共享训练数据集的重要特征的新数据示例。例如，可以在数百万张照片上训练生成性对抗网络，并学习生成逼真的但不存在的人脸，而人无法将它们与真实图像区分开。在医疗领域，通常可以获取大量数据，但是没有标签。例如，CAT 扫描仪、MRI 扫描仪或 EKG 之类的设备会产生数字流，但这些流完全没有标签。在这些情况下，获取标记数据是困难的、昂贵的或不可能的，因此有监督的学习方法是不可能的。许多聚类方法已应用于神经疾病，如阿尔茨海默病的数据集。这些数据集通常是临床和生物学特征的组合。聚类技术使医疗从业人员能够识别出患者之间的模式，否则这些模式很难用肉眼找到。

5.1.2 聚类简介

聚类分析（cluster analysis）也称为群集分析，是统计数据分析的一门技术。聚类分析在心理学和其他社会科学、生物学、统计学、模式识别、信息检索、机器学习和数据挖掘等众多领域中一直发挥着重要作用。聚类分析是指将相似对象分组为聚类的算法。聚类分析的端点是一组聚类，其中每个聚类彼此不同，并且每个聚类中的对象彼此大致相似。例如，图 5-1 所示的散点图中，显示了两个聚类：一个由实心圆表示；另一个由空心圆表示。

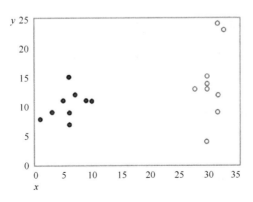

图 5-1　显著的两个聚类

数据聚类通常被认为是无监督学习，聚类将相似的对象通过静态分类的方法分成不同的组别或子集，常用的聚类方法有 K-means、DBSCAN、Density Peaks 聚类，以及层次聚类、谱聚类等。传统的聚类算法大致可以分成 4 类：第一类是依据密度的聚类方式，基于密度的聚类算法在基于密度的非线性形状结构寻找中起着至关重要的作用，基于密度的噪声应用空间聚类（DBSCAN）是使用最广泛的基于密度的算法；第二类是层次聚类，该方法试图在不同的"层次"上对样本数据集进行划分，一层一层地进行聚类；第三类是基于质心的聚类，与基于层次的聚类相比，基于质心的聚类是将数据组织到非分层群集中，K-means 是使用最广泛的基于质心的聚类算法；第四类是依据图谱结构的聚类方式，基于图的聚类是一种用于识别相似单元格或样本组的方法。它没有对数据中的聚类做出任何先验假设。这意味着在聚类之前不需要知道或假定聚类的数量、大小、密度和形状，因此，基于图的聚类可用于识别复杂数据集（如 scRNA-seq）中的聚类。

5.1.3　K-means 聚类模型原理

1. K-means 算法思想

K-means 聚类是最简单且流行的无监督机器学习算法之一。其中，K 表示目标数 k，该目标数 k 是指数据集中所需的质心数，换言之，也是最终聚类为 K 个类；means 表示在算法中做聚类时选用类间平均距离进行计算，K-means 算法识别出 k 个质心，然后将每个数据点分配给最近的群集，同时使质心尽可能小。

K-means 算法通过一系列迭代过程，把数据集划分为不同的类别，使得评价聚类性能的准则函数达到最优，从而使生成的每个类做到类内紧凑，类间独立。

2. K-means 算法的具体步骤

（1）任意初始化 k 个向量 $c_1, c_2, \cdots, c_k$ 作为中心向量。

（2）分组：将样本分配给距离其最近的中心向量。

（3）确定中心：用各个聚类的中心向量作为新的中心。

（4）重复步骤（2）和步骤（3），直至算法收敛。

K-means 算法的流程图如图 5-2 所示。

3. K-means 算法详解

K-means 算法以数据间的距离作为数据对象相似性度量的标准，因此选择计算数据间距离的计算方式对最后的聚类效果有显著的影响，常用计算距离的方式有余弦距离、欧氏距离、曼哈顿距离等。其中，采用最多的为欧氏距离，计算公式为

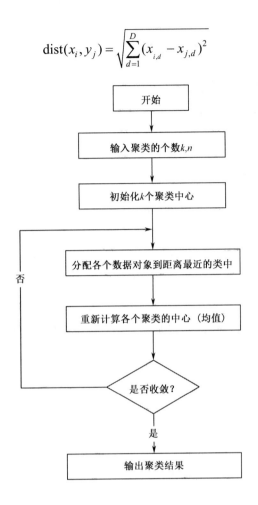

图 5-2　K-means 算法的流程图

通过欧氏距离公式可计算出每对数据对象间的距离,根据距离的远近进行聚类成指定的类别数 K。对每类中的数据初步选取类心,取得方式有多种,常见的有以下 3 种。

(1) 该类所有数据的均值。

(2) 随机取 k 个数据作为类心。

(3) 选取距离最远的 k 个点作为类心等。

以上方法均需要对初步的类心进行迭代,当类心变化缓慢时便可认为收敛,此时该点便为最终的类型。这里以方式(1)为例,有

$$\text{Center}_k = \frac{1}{|C_k|} \sum_{x_i \in C_k} x_i$$

式中,C_k 为第 k 类;$|C_k|$ 为第 k 类中数据对象的个数。类心迭代过程为

$$J = \sum_{k=1}^{K} \sum_{x_i \in C_k} \text{dist}(x_i, \text{Center}_k)$$

通常迭代终止的条件有以下两种。

（1）达到指定的迭代次数 T。

（2）类心不再发生明显的变化，即收敛。

4. K-means 聚类的过程

K-means 聚类的过程类似于梯度下降算法，建立代价函数并通过迭代使得代价函数值越来越小。图 5-3 给出了一个训练的案例，即 K-means 聚类迭代次数不同的效果图。在图 5-3 中，训练示例显示为点，群集质心显示为十字。图 5-3（a）所示为原始数据集；图 5-3（b）所示为随机初始簇质心；图 5-3（c～f）所示为进行两次 k 均值迭代的图示。在每次迭代中，将每个训练示例分配给最近的聚类质心（通过"绘制"训练示例来显示与所分配的聚类质心相同的颜色）；然后将每个聚类质心移动到分配给它的点的平均值。

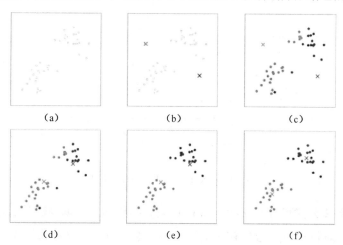

图 5-3 K-means 聚类迭代次数不同的效果图

该算法的最大优势为简洁、快速。算法的关键在于初始中心的选择和距离公式。

5. K-means 解决问题

K-means 算法属于无监督学习。在不知数据所属类别及类别数量的前提下，K-means 算法依据数据自身所暗含的特点对数据进行聚类。对于聚类过程中类别数量 k 的选取，需要一定的先验知识，也可根据"类内间距小，类间间距大"（一种聚类算法的理想情况）为目标进行实现。K-means 聚类效果图如图 5-4 所示。

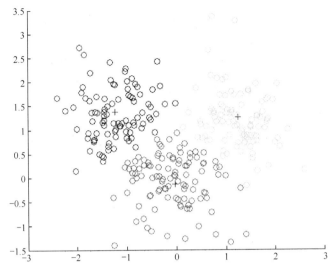

图 5-4　K-means 聚类效果图

6. K-means 小结

K-means 是一个简单实用的聚类算法，这里对 K-means 的优缺点进行总结。

K-means 的主要优点有：原理比较简单，实现容易，收敛速度快；如果变量很大，那么 K-means 在大多数情况下的计算速度将比分层聚类快；算法的可解释度比较强；K-means 产生的聚类比层次聚类更紧密，尤其聚类是球形的。

K-means 的主要缺点有：难以预测 K 值；对于不是凸的数据集比较难收敛；对于大小不同和密度不同的群集（原始数据），效果不佳；不同的初始分区可能导致不同的最终集群；对噪声和异常点比较敏感。

同时在使用 K-means 做聚类时仍需注意以下几点：首先由于包括 K-means 在内的聚类算法使用基于距离的度量来确定数据点之间的相似性，因此在进行聚类分析前需要对数据进行标准化来提高数据的可用性与算法的精确度；其次，K-means 的质心是随机初始化的，因此每次的聚类结果在很大程度上是不相同的，为避免聚类结果停留在局部最优，可以使用质心的不同初始化来运行算法，进而对比选择聚类最优的结果。

5.2　基于层次的分群

5.2.1　层次聚类简介

层次聚类是一种基于原型的聚类算法，通过多个层次对数据集进行划分，从而形成树形的聚类结构。聚类的层次结构通常用树状图表示。根节点是所有样本的唯一聚类，叶子是每个单一样本生成的聚类。传统的层次聚类算法分为两大类：自上而下的层次聚类和自下而上的层次聚类（合成 HAC）。层次聚类算法的优势在于树状图直观地反映了聚类结果，便于理解。层次聚类的另一个优点就是不需要事先指定簇的数量。分层群集的这些优点是以降低效率为代价的。

自下而上的层次聚类先将每个对象当作一个单一类，然后合并为较大的类，直到所有对象都在一个类中，或者触发停止条件。因此，称自下而上的层次聚类为凝聚型层次聚类。大部分层次聚类都属于凝聚型层次聚类，区别在于相似度的定义。自上而下的层次聚类需要一种用于拆分簇的方法。它通过递归拆分簇直到到达单个对象来进行。这里以采用最小距离的凝聚层次聚类算法为例，算法设计如下，并在图 5-5 中给出了算法流程图便于直观地理解算法设计过程。

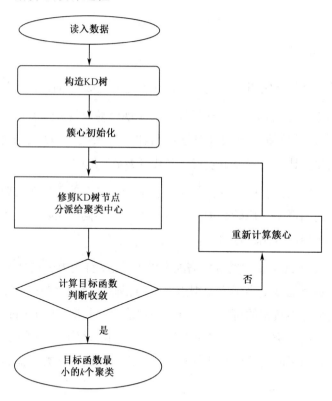

图 5-5 凝聚层次聚类算法流程图

（1）计算每个对象两两之间的最小距离，用距离定义相似度，距离越小，表示两个样本为一个类的概率越高。

（2）将相似度较高的两个对象进行合并。

（3）对合并的类重新计算类间的距离并进行下一次合并。

(4) 重复（2）、（3），直到所有类最后合并成一类。

5.2.2 层次聚类的原理

1. 层次聚类的合并算法

首先计算出两类数据点之间的相似度，再对所有数据点中相似度最高的两个数据点进行合并，反复迭代这一过程。通过样本之间的距离来定义样本之间的相似度，在聚类算法中极为重要。其中，类与类的距离的计算方法有最短距离法、最长距离法、中间距离法、类平均法等。图 5-6 所示为层次聚类效果示意图。

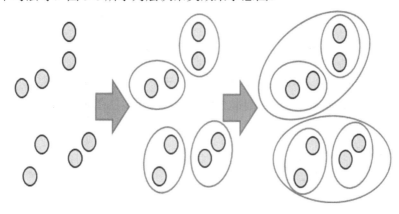

图 5-6　层次聚类效果示意图

常见的层次聚类使用欧氏距离的大小来反映数据点之间的相似度。欧氏距离的计算公式为

$$D = \sqrt{(x_1 - y_1)^2 + (x_2 - y_2)^2}$$

2. 层次聚类中距离的计算方法

计算两个聚类之间的相似度对于合并或划分聚类很重要，有些方法可用于计算两个聚类之间的相似度，如最短距离法（single linkage）、最长距离法（complete linkage）和平均距离法（average linkage）。下面介绍这 3 种计算方法及各自的优缺点。

（1）最短距离法的计算方法定义为：两个类 C_1 和 C_2 的相似度等于点 P_i 和点 P_j 之间的相似度的最小值，其中 P_i 属于 C_1，P_j 属于 C_2，表示为

$$\mathrm{Sim}(C_1, C_2) = \min(P_i, P_j), \ \mathrm{s.t.} P_i \in C_1, P_j \in C_2$$

$$\mathrm{Sim}(C_1, C_2) = \min \mathrm{Sim}(P_i, P_j), \ \mathrm{s.t.} P_i \in C_1, P_j \in C_2$$

换言之，选择两个最接近的点，以使一个点位于聚类 1 中，另一个点位于聚类 2 中，

计算它们的相似性并将其定义为两个聚类之间的相似度。最短距离法图示如图 5-7 所示。

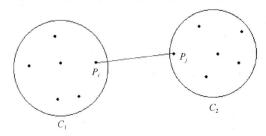

图 5-7　最短距离法图示

（2）最长距离法的计算方法与最短距离法相反，两个类 C_1 和 C_2 的相似度等于点 P_i 和点 P_j 之间的相似度的最大值，其中 P_i 属于 C_1，P_j 属于 C_2，表示为

$$\mathrm{Sim}(C_1, C_2) = \max \mathrm{Sim}(P_i, P_j), \mathrm{s.t.} P_i \in C_1, P_j \in C_2$$

选择两个最远的点，以使一个点位于聚类 1 中，另一个点位于聚类 2 中，计算它们的相似性并将其定义为两个聚类之间的相似度。最长距离法图示如图 5-8 所示。

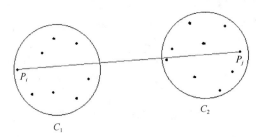

图 5-8　最长距离法图示

（3）平均距离法的计算方法是取所有成对的点并计算它们的相似度，然后计算相似度的平均值，具体表示为

$$\mathrm{Sim}(C_1, C_2) = \sum \mathrm{Sim}(P_i, P_j) / |C_1| \cdot |C_2|$$

平均距离法图示如图 5-9 所示。

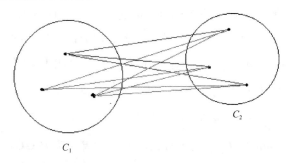

图 5-9　平均距离法图示

下面给出一个实例来展现层次聚类的计算,通过计算和对比不同类别数据点之间的欧氏距离矩阵,并对距离值最小的数据点进行组合,然后使用平均距离法计算组合数据点之间的距离。例如,计算组合数据点 A 到(B, C)的距离,计算公式为

$$\text{dist} = \frac{\sqrt{(A-B)^2} + \sqrt{(A-C)^2}}{2}$$

表 5-1 给出了样本示例数据,我们通过欧氏距离计算 $A \sim G$ 的欧氏距离矩阵,将每个类别的数据点分别与 $A \sim G$ 中的每个数据点计算距离值,其中 $A \rightarrow B$ 表示数据点 A 到数据点 B 的距离,$B \rightarrow A$ 则代表数据点 B 到数据点 A 的距离。由于不存在方向选择问题,因此欧氏距离矩阵是对角为 0 的对称矩阵。表 5-2 显示了欧氏距离矩阵的逻辑和计算方法。

表 5-1 各数据点之间的距离

A	16.9
B	38.5
C	39.5
D	80.8
E	82
F	34.6
G	116.1

表 5-2 欧氏距离矩阵的逻辑和计算方法

数据点	数据点						
	A	B	C	D	E	F	G
A	0	$B \rightarrow A$	$C \rightarrow A$	$D \rightarrow A$	$E \rightarrow A$	$F \rightarrow A$	$G \rightarrow A$
B	$A \rightarrow B$	0	$C \rightarrow B$	$D \rightarrow B$	$E \rightarrow B$	$F \rightarrow B$	$G \rightarrow B$
C	$A \rightarrow C$	$B \rightarrow C$	0	$D \rightarrow C$	$E \rightarrow C$	$F \rightarrow C$	$G \rightarrow C$
D	$A \rightarrow D$	$B \rightarrow D$	$C \rightarrow D$	0	$E \rightarrow D$	$F \rightarrow D$	$G \rightarrow D$
E	$A \rightarrow E$	$B \rightarrow E$	$C \rightarrow E$	$D \rightarrow E$	0	$F \rightarrow E$	$G \rightarrow E$
F	$A \rightarrow F$	$B \rightarrow F$	$C \rightarrow F$	$D \rightarrow F$	$E \rightarrow F$	0	$G \rightarrow F$
G	$A \rightarrow G$	$B \rightarrow G$	$C \rightarrow G$	$D \rightarrow G$	$E \rightarrow G$	$F \rightarrow G$	0

对于示例中的数据点,通过计算不难发现,数据点 B 到数据点 C 的距离为 1,在所有的样本点之间距离值中最小。距离值计算为

$$\text{dist} = \sqrt{(B-C)^2} = \sqrt{(38.5-39.5)^2} = 1$$

将数据点 B 和数据点 C 进行合并,计算合并(B,C)后数据集之间的距离计算结果,

如表 5-3 所示。

表 5-3 合并(B, C)后数据集之间的距离计算结果

数据点	数据点					
	A	(B, C)	D	E	F	G
A	0	22.10	63.90	65.10	17.70	99.20
(B,C)	22.10	0	41.80	43.00	4.40	77.10
D	63.90	41.80	0	1.20	46.20	35.30
E	65.10	43.00	**1.20**	0	47.40	34.10
F	17.70	4.40	46.20	47.40	0	81.50
G	99.20	77.10	35.30	34.10	81.50	0

在一次聚类后继续计算当前类的间距。通过比较，可以发现数据点 D 到数据点 E 的距离在所有的距离值中最小，为 1.20。因此，将数据点 D 和数据点 E 进行合并，并再次计算其他数据点之间的距离，第一次合并后欧氏距离矩阵如表 5-4 所示。

表 5-4 合并(D, E)后数据集之间的距离计算结果

数据点	数据点				
	A	(B, C)	(D, E)	F	G
A	0	22.10	64.50	17.70	99.20
(B,C)	22.10	0	41.80	4.40	77.10
(D,E)	64.50	42.40	0	46.80	35.30
F	**17.70**	4.40	46.80	0	81.50
G	99.20	77.10	34.70	81.50	0

然后重复计算不同类之间的距离，根据最小值进行合并。通过表 5-4 不难发现，数据点 A 和数据点 F 的距离值在所有距离值中最小，为 17.70，因此将数据点 A 数据和点 F 进行合并，生成组合数据点 (A, F)。

至此除数据点 G 之外，其他的样本点都已经根据相似度进行了两两组合。聚类树的最底层已经完成。然后继续执行算法并计算新生成的类间的距离，并对相似度最高的类进行合并。通过计算及对比，从表 5-5 中可以看出，(A, F) 到 (B, C) 的距离在所有组合数据点之间最小，为 13.25，因此，将 (A, F) 到 (B, C) 组合为 (A, F, B, C)。

表 5-5　合并(A,F,B,C)后组平均距离计算结果

数据点	数据点			
	(A,F)	(B,C)	(D,E)	G
(A,F)	0	13.25	55.65	90.35
(B,C)	13.25	0	41.80	77.10
(D,E)	55.65	42.40	0	34.70
G	90.35	77.10	**34.70**	0

继续使用与之前相同的方法计算相似度,如表 5-6 所示。从表 5-6 中可以发现,组合数据点(D,E)和 G 的距离在目前所有组合数据点之间的距离中最小,为 34.70,将(D,E)和 G 组合为(D,E,G)。

表 5-6　合并(D,E,G)后组平均距离计算结果

数据点	数据点		
	(D,E,G)	(D,E)	G
(D,E,G)	0	49.03	83.73
(D,E)	49.03	0	34.70
G	83.73	**34.70**	0

最终,通过计算和合并,我们获得了两个组合数据点(A,F,B,C)和(D,E,G)。这也是聚类树的最顶层的两个数据点,如表 5-7 所示。

表 5-7　合并(A,F,B,C)和(D,E,G)后组平均距离计算结果

数据点	数据点	
	(A,F,B,C)	(D,E,G)
(A,F,B,C)	0	60.59
(D,E,G)	60.59	0

这些步骤通过程序代码可以轻松地实现迭代过程,也有完成度较高的模型可以直接使用。这里为展示计算过程,同时在数据量较小的情况下,在本节中计算并列出每步的距离计算和组合的结果。

将计算结果以树状图的形式展现出来就是层次聚类树,叶子是原始数据点 A 到数据点 G 的 7 个样本点。根据相似度进行多次合并,得到每层的组合结果,如聚类树的第二层为(A,F)、(B,C)、(D,E)和 G。以此类推,生成完整的层次聚类树状图,如图 5-10 所示。

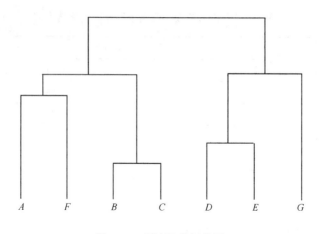

图 5-10　层次聚类树状图

层次聚类的优点可以概括为两点：首先距离和规则的相似度容易定义，限制少；其次，算法易于理解和易于执行，数学模型较为简单，编程实现较容易，其输出的树状图也非常直观地表现了类间的层次关系，具有吸引力。但层次聚类也存在诸多的缺点，如算法的计算复杂度较高，并且很少提供最佳解决方法，不适用于丢失数据类型、混合数据类型，同样不适用于较大的数据集等。

5.3　基于密度的分群

5.3.1　DBSCAN 算法介绍

分区方法（K-means、PAM 聚类）和分层聚类适用于查找球形聚类或凸形聚类。换而言之，它们仅适用于紧凑且分隔良好的簇。此外，它们还受到数据中存在噪声和异常值的严重影响，现实生活中的数据可能是任意形状的簇，如椭圆形、线形和"S"形簇。

相比于其他的聚类方法，基于密度的聚类方法可以在有噪声的数据中发现各种形状和各种大小的簇，簇是数据空间中的密集区域，由点密度较低的区域分隔。基于密度的聚类方法背后的基本思想源自人类直观的聚类方法。基于密度的空间聚类和噪声应用（DBSCAN）是一种经典的基于密度的聚类算法（Ester 等，1996），可用于识别包含噪声和异常值的数据集中任何形状的聚类。其核心思想是先发现密度较高的点，然后把相近的高密度点逐步连成一片，进而生成各种簇。

基于密度的聚类是根据样本的密度分布来进行聚类的。通常情况下，密度聚类从样本密度的角度出发，来考查样本之间的可连接性，并基于可连接样本不断扩展聚类簇，以获得最终的聚类结果。其中,最著名的算法就是 DBSCAN 算法。值得注意的是,DBSCAN 算法有两个参数:密度阈值 MinPts,表示对于一个密集区域聚集在一起的最小点数(阈值),数据集越大,应选择的 MinPts 值越大,MinPts 必须至少选择 3;半径 eps,表示一种距离量度,将应用于在任何点附近的定位点,对于 eps 的取值可以使用 k 距离图来选择 eps 的值,并绘制到 k = MinPts 最近邻居的距离,此时 eps 的最佳取值是该曲线显示强烈弯曲的地方。

算法原理是:首先对于每个点 x_i,计算 x_i 与其他点之间的距离。查找起点 x_i 距离 eps 内的所有相邻点,这个数就是该点的密度值。例如,邻居计数小于 MinPts 的圆心点为低密度的点,邻居计数大于或等于 MinPts 的每个点都被标记为核心点。其次对于每个核心点,如果尚未将其分配给其他簇,就创建一个新簇。如果有一个核心点在另一个核心点的圈内,就把这些点串起来,如果有低密度的点也在核心点的圈内,那么也把它连到最近的核心点上,称为边界点。这样所有能连到一起的点就成了一个簇,那些不属于任何聚类的点被视为离群值或噪声。DBSCAN 的工作原理如图 5-11 所示。

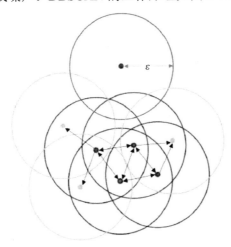

图 5-11　DBSCAN 的工作原理

具体步骤如下。

(1)该算法通过任意选择数据集中的一个点来进行(直到访问了所有点)。

(2)如果到该点的半径 eps 内至少有 MinPts 个点,那么将所有这些点视为同一群集的一部分。

(3)然后通过递归地重复每个相邻点的邻域计算来扩展聚类。

算法的伪代码如下。

```
首先将数据集 D 中的所有对象标记为未处理状态
for(数据集 D 中每个对象 p) do
```

```
if（p 已经归入某个簇或标记为噪声）then
    continue;
else
    检查对象 p 的 eps 邻域 NEps(p)；
    if (NEps(p)包含的对象数小于 MinPts) then
        标记对象 p 为边界点或噪声点；
    else
        标记对象 p 为核心点，并建立新簇 C，并将 p 邻域内所有点加入 C
        for (NEps(p)中所有尚未被处理的对象 q) do
            检查其 eps 邻域 NEps(q)，若 NEps(q)包含至少 MinPts 个对象，则将 NEps(q)中未归入任何一个簇的对象加入 C
        end for
    end if
end if
end for
```

5.3.2　DBSCAN 算法评价

DBSCAN 的优点在于不必指定使用它的集群数，只需要一个函数即可计算值之间的距离，并提供一些阈值，以将多少距离视为"接近"。在各种不同分布中，DBSCAN 比 K-means 表现得更为优异，如图 5-12 所示的几种情形。此外，DBSCAN 对噪声不敏感，并且可以找到任何形状的簇。

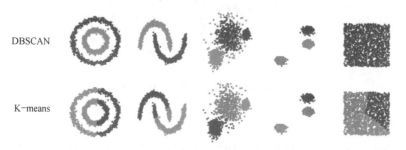

图 5-12　算法聚类效果对比

DBSCAN 的缺点在于依赖于两个参数半径 eps 及阈值 MinPts 的设置。此外，当数据密度不均匀时，很难使用该算法，本节将给出一个 DBSCAN 算法的 Python 实现案例，在具体的案例中展示 DBSCAN 算法的原理及使用方法。通过使用 sklearn.datasets 库中的方法，绘制了 6000 个二维样本点，然后利用 DBSCAN 算法实现样本点的聚类，实现代码如下。

```python
from sklearn import datasets
import numpy as np
import random
import matplotlib.pyplot as plt
import time
plt.rcParams['font.sans-serif']=['SimHei']
plt.rcParams['axes.unicode_minus']=False

def findNeighbor(j,X,eps):
    N=[]
    for p in range(X.shape[0]):   #找到所有领域内对象
        temp=np.sqrt(np.sum(np.square(X[j]-X[p])))   #欧氏距离
        if(temp<=eps):
            N.append(p)
    return N


def dbscan(X,eps,min_Pts):
    k=-1
    NeighborPts=[]      #array,某点领域内的对象
    Ner_NeighborPts=[]
    fil=[]                              #初始时已访问对象列表为空
    gama=[x for x in range(len(X))]     #初始时将所有点标记为未访问
    cluster=[-1 for y in range(len(X))]
    while len(gama)>0:
        j=random.choice(gama)
        gama.remove(j)     #未访问列表中移除
        fil.append(j)      #添加入访问列表
        
        NeighborPts=findNeighbor(j,X,eps)
        if len(NeighborPts) < min_Pts:
            cluster[j]=-1   #标记为噪声点
        else:
            k=k+1
            cluster[j]=k
```

```python
        for i in NeighborPts:
            if i not in fil:
                gama.remove(i)
                fil.append(i)
                Ner_NeighborPts=findNeighbor(i,X,eps)
                if len(Ner_NeighborPts) >= min_Pts:
                    for a in Ner_NeighborPts:
                        if a not in NeighborPts:
                            NeighborPts.append(a)
                if (cluster[i]==-1):
                    cluster[i]=k
    return cluster

def generatorData():

    X1, y1=datasets.make_circles(n_samples=5000, factor=.6,
                                    noise=.05)
    X2, y2 = datasets.make_blobs(n_samples=1000, n_features=2, centers=[[1.2,1.2]], cluster_std=[[.1]],
            random_state=9)
    X = np.concatenate((X1, X2))
    return X


if __name__=='__main__':
    eps=0.08
    min_Pts=10
    begin=time.time()
    X = generatorData()
    C=dbscan(X,eps,min_Pts)
    end=time.time()
    plt.figure(figsize=(12, 9), dpi=80)
    plt.scatter(X[:,0],X[:,1],c=C)
    plt.show()
    print("DBSCAN 算法用时:",end-begin)
```

DBSCAH 算法的实验结果如图 5-13 所示。

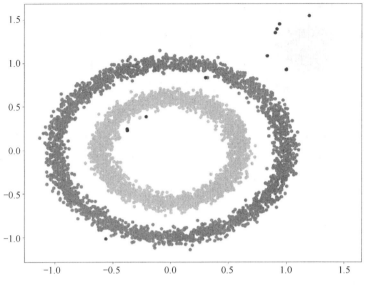

图 5-13　DBSCAN 算法的实验结果

5.4　聚类模型性能度量

5.4.1　聚类结果好坏的评估指标

聚类性能度量也称为聚类"有效性指标"（validity index），与监督学习一样，它的目的是用来评估聚类结果的好坏。当我们能通过性能度量来评估聚类的好坏时，就可以通过将这个性能度量作为优化目标来生成更好的聚类结果。理想的聚类结果为"簇内相似度"（intra-cluster similarity）高且"簇间相似度"（inter-cluster similarity）低。

按照这样的定义，将聚类的性能度量大致划分为两类：外部指标和内部指标。

1. 外部指标

外部指标需要一个参考模型，这个参考模型通常是由专家给定的，或者是公认的参考模型，如公开数据集。对于聚类的结果所形成的簇集合（这里称为簇 C），对于参考模型的簇集合（这里称为 D），对这两个模型结果的样本进行两两配对比较，可得到如下显而易见的数据。

$a =$ 在 C 中属于相同簇且在 D 中属于相同簇的样本对的数量。

$b =$ 在 C 中属于相同簇且在 D 中属于不同簇的样本对的数量。

$c=$ 在 C 中属于不同簇且在 D 中属于相同簇的样本对的数量。

$d=$ 在 C 中属于不同簇且在 D 中属于不同簇的样本对的数量。

对这里的 $abcd$，不考虑一个样本属于多个簇的情况，因此每个样本都只能出现在一个集合中，所以 $a+b+c+d=m(m-1)/2$（m 为样本总数）。由此可以导出几个常见的外部性能指标。

（1）Jaccard 指数（Jaccard Index，JC）常用来表示集合之间的相似性和差异性，常常被定义为集合交集大小与集合并集大小的比值，因此也常被称为并交比。其公式为

$$JC = \frac{a}{a+b+c}$$

（2）FM 指数（Fowlkes and Mallows Index，FMI），其公式为

$$FMI = \sqrt{\frac{a}{a+b} \times \frac{a}{a+c}}$$

（3）Rand 指数（Rand Index，RI），其公式为

$$RI = \frac{a+d}{a+b+c+d} = \frac{2(a+d)}{m(m-1)}$$

注意：RI 和 Jaccard 系数十分相似，只是所比较的范围不同而已。这里每个指标的值均为 0~1，显然值越大说明聚类效果越好。

2. 内部指标

内部指标则只考虑聚类之后这些簇之间的效果，通常用距离来度量。分别采用以下几种距离表示。

（1）$avg(C)$：簇 C 样本间的平均距离。

（2）$diam(C)$：簇 C 样本间的最远距离。

（3）$d_{\min}(C_i, C_j)$：簇间最近样本间的距离。

（4）$d_{cem}(C_i, C_j)$：簇间中心点之间的距离。

使用这些簇间的距离指标也可以导出几个常见的性能度量内部指标，分别如下。

① DB 指数（DBI）：

$$DBI = \frac{1}{k}\sum_{j=1}^{k}\max_{i=j}\left(\frac{avg(C_i)+avg(C_j)}{d_{cem}(C_i, C_j)}\right)$$

② Dunn 指数（DI）：

$$\mathrm{DI} = \min_{1 \leq i \leq k} \left\{ \min_{i=j} \frac{d_{\min}(C_i, C_j)}{\max_{1 \leq l \leq k} \mathrm{diam}(C_l)} \right\}$$

显然，DBI 的值越小越好，而 DI 的值越大越好。

5.4.2 距离度量

计算簇之间的相似性和差异性时常常要使用距离来进行度量，内部指标也都是以距离度量为基础的。

距离常常分为度量距离和非度量距离。其中，度量距离满足非负性、对称性、直递性（三角不等式）；而非度量距离往往不满足直递性。例如，人马和人很像，人马也和马很像，但是人和马的差距非常大，即不满足三角不等式，所以这个距离为非距离度量。

对于有序属性，最常使用的是闵可夫斯基距离，即

$$\mathrm{dist}_{mk}(x_i, x_j) = \left(\sum_{u=1}^{n} |x_{iu} - x_{ju}|^p \right)^{\frac{1}{p}}, p \geq 1$$

而 p 取不同值时，便可得到实际使用的距离度量，主要可以分为以下几种情形。

（1）当 $p=1$ 时，为曼哈顿距离，即

$$\mathrm{dist}_{mk}(x_i, x_j) = \sum_{u=1}^{n} |x_{iu} - x_{ju}|$$

（2）当 $p=2$ 时，为欧氏距离，即

$$\mathrm{dist}_{mk}(x_i, x_j) = \sqrt{\sum_{u=1}^{n} |x_{iu} - x_{ju}|^2}$$

（3）当 $p=$ 无穷大时，为切比雪夫距离，即

$$D_{\mathrm{Chebyshev}}(p, q) := \max_i \left(|p_i - q_i| \right)$$

对于无序属性，使用 VDM（Value Difference Metric）来表示，令 $m_{u,a}$ 表示在属性 u 上取值为 a 的样本数，$m_{u,a,i}$ 表示在第 i 个样本簇中在属性 u 上取值为 a 的样本数，k 为样本簇数，则属性 u 上两个离散值 a,b 的 VDM 距离为

$$\mathrm{VDM}_p = \sum_{i=1}^{k} \left| \frac{m_{u,a,i}}{m_{u,a}} - \frac{m_{u,b,i}}{m_{u,b}} \right|$$

对于包含有序属性和无序属性的混合属性来说，只需要把闵可夫斯基距离和 VDM 联合起来就可以，混合公式为

$$\text{MinkovDM}_p(x_i, x_j) = \sum_{u=1}^{n_c} \left| x_{iu} - x_{ju} \right|^p + \sum_{u=n_c+1}^{n} \text{VDM}_p(x_{iu} - x_{ju})^{\frac{1}{p}}$$

而对于多个具有不同重要性的属性来说，只需要使用加权距离就可以，加权后公式为

$$\text{dist}_{wmk}(x_i, x_j) = \left(w_1 \cdot \left| x_{i1} - x_{j1} \right|^p + \cdots + w_n \cdot \left| x_{in} - x_{jn} \right|^p \right)^{\frac{1}{p}}$$

5.5 案例分析

5.5.1 二分 K-means 聚类案例

实验步骤如下。

（1）导入需要所依赖的包，代码如下。

```
import numpy as np
from matplotlib import pyplot as plt
```

（2）定义一个 nump 的数组，填入要处理的数据（因为数据过大，在此不写），代码如下。

```
data=np.array( [
读取本地 1.txt 文件
])
```

（3）定义一个类，class cluster()：初始化一个方法，此方法是为了后面的方法调用的，代码如下。

```
def __init__(self,data,classNum):
    self.__data=np.array(data)
    self.__classNum=classNum
    self.__elementNum, self.__dimension = data.shape
```

（4）定义一个方法，给定数据集构建一个包含 k 个随机质心的集合，其中 centroids 存放簇中心，dimengsion 就是 data 的维度，是指 data 的行数。

```
def __randCenter(self,data,classNum):
    dimension=data.ndim
    centroids=np.ones((classNum,dimension))
```

在刚才的方法定义一个 for 循环，求出数据的最大值和最小值，然后产生一个矩阵，

并对这个方法做返回。

```
for i in range(dimension):
    min=np.min(data[:,i])
    max=np.max(data[:,i])
    centroids[:,i]=(min+(max-min)*np.random.rand(classNum,1))[:,0]
return centroids
```

（5）定义一个方法，计算两个向量的欧氏距离，代码如下。

```
def dist(self,pA,pB):
    return np.sqrt(np.sum(np.power(pA-pB,2)))
```

（6）定义一个 K-means，初始化一个二维数组存储最短距离的 index 和最短距离，因为本实验介绍二分 k 值聚类，所以对 K-means 只是简单介绍。

```
def __kMeans(self,data,classNum): #初始化一个二维数组存储最短距离的 index 和最短距离
    elementNum,dimension = data.shape
    clusterList=np.zeros((elementNum,2))
    indexList=np.array([-1]*elementNum)
    centroids=self.__randCenter(data,classNum)
    while True:
        for i in range(elementNum):
            minDist=np.inf
            minIndex=-1
            for j in range(classNum):
                currentDist=self.dist(centroids[j],data[i])
                if minDist > currentDist:
                    minDist=currentDist
                    minIndex=j
            clusterList[i]=minIndex,minDist**2
        for x in range(classNum):    #指定 index 输出 self.__data[[0, 1, 2,]]
            currentCluster=data[np.nonzero(clusterList[:,0]==x)]
            if currentCluster.any():
                centroids[x]=np.mean(currentCluster,axis=0)
        #对比两个数组是否全部相同，如果相同，就跳出循环
        if (indexList==clusterList[:,0]).all():
            break
        else:
            indexList = clusterList[:,0].copy()
    return centroids,clusterList
```

（7）定义一个二分 k 值聚类，代码如下。

```python
def bikMeans(self):
    elementNum, dimension = data.shape
    #初始化一个质心
    centList=[np.mean(self.__data,axis=0)]
    #初始化一个二维数组存储最短距离的 index 和最短距离
    clusterList = np.zeros((elementNum, 2))
    #计算每个点到初始质心的距离
    for i in range(elementNum):
        clusterList[:,1][i]=self.dist(self.__data[i],centList[0])**2
    while(len(centList)<self.__classNum):
        #在 while 中求出和方差计算最小的误差
        minSSE = np.inf
        for i in range(len(centList)):
            currentCluster=self.__data[np.nonzero(clusterList[:,0]==i)]
            subCent,subCluserList=self.__kMeans(currentCluster,2)
            #分配后的误差
            splitSSE=np.sum(subCluserList[:,1])
            #未分配的误差
            notSplitSSE=np.sum(clusterList[np.nonzero(clusterList[:,0]!=i),1])
            if notSplitSSE+splitSSE<minSSE:
                minSSE=notSplitSSE+splitSSE
                bestCent,bestSplit,bestIndex=subCent,subCluserList,i
        #中心点重分配
        centList[bestIndex]=bestCent[0]
        centList.append(bestCent[1])
        #簇重分配（注意先后顺序，否则会产生覆盖问题）
        bestSplit[np.nonzero(bestSplit[:, 0] == 1), 0] = len(centList) - 1
        bestSplit[np.nonzero(bestSplit[:, 0] == 0), 0]=bestIndex
        clusterList[np.nonzero(clusterList[:,0]==bestIndex)]=bestSplit
    self.__centroids,self.__clusterList=np.array(centList), clusterList
    return self.__centroids,self.__clusterList
```

（8）定义一个方法来画图，其中 mark = ['or', 'ob', 'og', 'ok']指的是每个质心的颜色分别是红、蓝、绿、黑，通过遍历画出每个点，mark = ['Dr', 'Db', 'Dg', 'Dk']表示每个中心的颜色，通过遍历画出每个中心的颜色，然后再展示。

```
def showplt(self):
    mark = ['or', 'ob', 'og', 'ok']
    for i in range(self.__elementNum):
        markIndex = int(self.__clusterList[i, 0])
        plt.plot(self.__data[i, 0], self.__data[i, 1], mark[markIndex])
    mark = ['Dr', 'Db', 'Dg', 'Dk']
    for i in range(self.__classNum):
        plt.plot(self.__centroids[i, 0], self.__centroids[i, 1], mark[i], markersize=12)
    plt.show()
```

(9)最后传入数据，分成 3 个类，代码如下。

```
cl=cluster(data,3)
```

调用 bikMeans()，代码如下。

```
cl.bikMeans()
```

展示图像，代码如下。

```
cl.showplt()
```

此时，实验结果如图 5-14 所示。

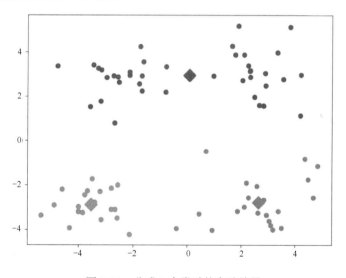

图 5-14　分成 3 个类时的实验结果

很明显，这个结果不是最佳结果，这时我们就需要尝试。下面分成 4 个类再来看看。

```
cl=cluster(data,4)
cl.bikMeans()
cl.showplt()
```

实验结果如图 5-15 所示。

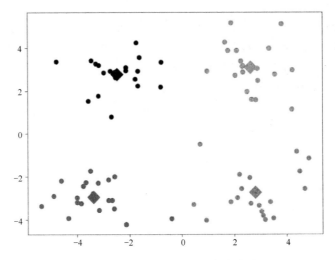

图 5-15　分成 4 个类时的实验结果

从图 5-15 中可以看出，效果还是可观的，基本符合理想效果。

5.5.2　基于 DBSCAN 和 AGNES 算法的聚类

实验步骤如下。

1. DBSCAN 算法

（1）导入 DBSCAN 算法所依赖的包，代码如下。

```
import matplotlib.pyplot as plt
from sklearn import datasets
from sklearn.cluster import DBSCAN
```

（2）下载所需要的数据（鸢尾花），代码如下。

```
iris = datasets.load_iris()
```

（3）这里为了方便实验，只取出特征空间的 4 个维度，代码如下。

```
X = iris.data[:, :4]
```

（4）绘制分布图。X[:,0]作为 x 轴，X[:,1]作为 y 轴，c="red"表示颜色为红色，marker='o' 表示以圆点绘制，以 see 表示这个图。

```
plt.scatter(X[:, 0], X[:, 1], c="red", marker='o', label='see')
```

绘制 x 轴，代码如下。

```
plt.xlabel('sepal length')
```

绘制 y 轴，代码如下。

```
plt.ylabel('sepal width')
```

图形标题在左上方出现，代码如下。

```
plt.legend(loc=2)
```

参数意义对比表如表 5-8 所示。

表 5-8　参数意义对比表

'best'	0
'upper right'	1
'upper left'	2
'lower left'	3
'lower right'	4
'right'	5
'center left'	6
'center right'	7
'lower center'	8
'upper center'	9
'center'	10

展示图形，代码如下。

```
plt.show()
```

特征空间分布结果如图 5-16 所示。

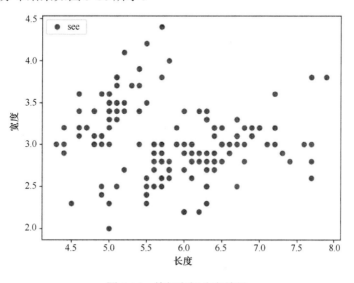

图 5-16　特征空间分布结果

（5）调用 DBSCAN 算法。在这里介绍两个参数 ε(eps)和形成高密度区域所需要的最少点数（MinPts）。它由一个任意未被访问的点开始，然后探索这个点的 ε-邻域。如果

ε-邻域中有足够的点,那么建立一个新的聚类;否则这个点被标签为杂音。注意,这个点之后可能被发现在其他点的ε-邻域中,而该ε-邻域可能有足够的点,届时这个点会被加入该聚类中。

设置 eps=0.4,min_samples=9,代码如下。

```
dbscan = DBSCAN(eps=0.4, min_samples=9)
```

对该数据进行训练,代码如下。

```
dbscan.fit(X)
```

把训练后的 labels 赋给 lable_pred,代码如下。

```
label_pred = dbscan.labels_
```

绘制结果,设有 3 个聚类集,分别如下。

```
x0 = X[label_pred == 0]
x1 = X[label_pred == 1]
x2 = X[label_pred == 2]
```

绘图代码如下。

```
plt.scatter(x0[:, 0], x0[:, 1], c="red", marker='o', label='label0')
plt.scatter(x1[:, 0], x1[:, 1], c="green", marker='*', label='label1')
plt.scatter(x2[:, 0], x2[:, 1], c="blue", marker='+', label='label2')
plt.xlabel('sepal length')
plt.ylabel('sepal width')
plt.legend(loc=2)
plt.show()
```

调用 DBSCAN 算法后的分布结果如图 5-17 所示。

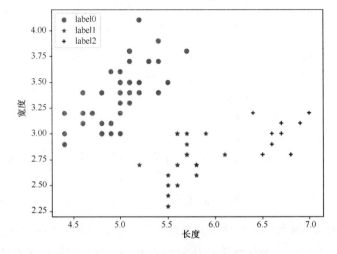

图 5-17 调用 DBSCAN 算法后的分布结果

2. AGNES 算法

(1) 导入所需要的依赖包,代码如下。

```
from sklearn import datasets
from sklearn.cluster import AgglomerativeClustering
import matplotlib.pyplot as plt
from sklearn.metrics import confusion_matrix
import pandas as pd
```

(2) 导入鸢尾花的数据类,代码如下。

```
iris = datasets.load_iris()
irisdata = iris.data
```

(3) 设置聚类数为 3,代码如下。

```
clustering = AgglomerativeClustering(n_clusters=3)
```

(4) 对鸢尾花聚类的数据集进行训练,代码如下。

```
res = clustering.fit(irisdata)
```

(5) 输出样本个数及结果,代码如下。

```
print ("各个簇的样本数目: ")
print (pd.Series(clustering.labels_).value_counts())
print ("聚类结果: ")
print (confusion_matrix(iris.target, clustering.labels_))
```

(6) 用 plt 创建一个窗口,代码如下。

```
plt.figure()
```

(7) 分别对 3 个聚类各个点取出 x、y 的值及颜色的表示,代码如下。

```
d0 = irisdata[clustering.labels_ == 0]
plt.plot(d0[:, 0], d0[:, 1], 'r.')
d1 = irisdata[clustering.labels_ == 1]
plt.plot(d1[:, 0], d1[:, 1], 'go')
d2 = irisdata[clustering.labels_ == 2]
plt.plot(d2[:, 0], d2[:, 1], 'b*')
```

(8) 画图代码如下。

```
plt.xlabel("Sepal.Length")
plt.ylabel("Sepal.Width")
plt.title("AGNES Clustering")
plt.show()
```

结果如图 5-18 和图 5-19 所示。

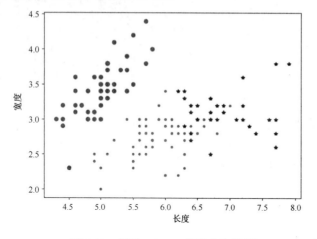 

图 5-18 运用 AGNES 算法分布结果　　图 5-19 运用 AGNES 算法后的结果

第 6 章
关联规则及推荐算法

本章学习目标
- 了解关联规则的概念及其运用。
- 掌握推荐（Apriori）算法的原理及其应用。
- 了解几种传统的推荐算法的原理及应用场景。

本章首先介绍关联规则的概念及其运用；然后讲解推荐算法的原理及其相关应用；最后详细地介绍几种传统的推荐算法，重点讲解它们的原理及这些推荐算法相契合的应用场景。

6.1 关联规则

6.1.1 关联规则简介

关联规则学习（ARL）是数据挖掘和大数据分析过程中最重要的策略之一。每当我们需要处理通常以字符串格式表示的大量数据且不提供其他信息时，它就会变得非常有用和高效。涉及关联规则挖掘方法的另一个好处是它的"才能"，可以对通常巨大的动态数据流进行优化处理，以近乎实时的方式获得对正在分析的数据的见解、趋势和知识。关联规则查找支持大于最小支持的所有项集，然后使用大型项集生成可信度大于最小可信度的所需规则。规则的提升为如果 X 和 Y 是独立的，那么观察到的是支持与预期支持之比。当今关联规则在许多应用领域中使用，包括入侵检测、连续生产和生物信息学。与序列挖掘相反，关联规则学习通常不考虑事务内或事务之间的项目顺序。

关联规则挖掘在基本级别上涉及使用机器学习模型来分析数据库中的模式或共享的

数据。它标识频繁的 if-then 关联，称为关联规则。关联规则包括两个部分：前项和后项。前项是在数据中找到的项目，后项为前项组合在一起的项。通过在数据中查找频繁的 if-then 模式并使用条件支持和置信度来确定最重要的关系来创建关联规则，也可以使用第三个度量标准提升度来将置信度与预期置信度进行比较。

关联规则是根据由两个或多个项目组成的项集计算得出的。如果规则是通过分析所有可能的项集构建的，那么可能会有太多规则，效率较低。因此，关联规则通常是利用数据中很好表示的规则创建的。

6.1.2 关联规则相关术语

为了从所有可能规则的集合中选择有趣的规则，需要对重要性和兴趣的各种度量进行约束，其中使用较为广泛的约束条件为支持和信心的最低阈值。

不妨假设项集 X,Y，定义 $X \Rightarrow Y$ 为一个关联规则及给定数据中的总事务数 N，则可以定义支持度（support）、置信度（confidence）及提升。

支持度给出了一个项集在所有交易中的频率。例如，一个交易集合中包括 itemset1 = {面包}和 itemset2 = {洗发水}，若包含面包的交易将比包含洗发水的交易多得多，则 itemset1 通常比 itemset2 具有更高的支持。现在考虑 itemset1 = {面包, 黄油}和 itemset2 = {面包, 洗发水}。若诸多交易中同时包含面包和黄油或同时包含面包和洗发水，但面包和洗发水同时存在的交易相对较少，在这种情况下，itemset1 通常比 itemset2 具有更高的支持。从数学的意义上讲，支持是项集所在的事务总数的一部分，可以表示为

$$\text{support}([x] \to [y]) = \frac{\text{frq}(X,Y)}{N} \tag{6.1}$$

式中，N 为总的事务数量；$\text{frq}(X,Y)$ 为同时发生的频数。X,Y 支持度表示了 X 与 Y 同时出现的概率。如果 X 与 Y 同时出现的概率比较小，就说明 X 与 Y 之间的联系不紧密；如果 X 与 Y 同时出现得很频繁，就说明 X 与 Y 是相关的。

假定某一事务已经具有先例，可信度定义了在该事务发生的基础上随之发生事件的可能性。例如，在啤酒、尿布的案例中，观测在所有包含{尿布}的交易中有多少交易还带有{啤酒}。当其比例较高时，我们可以说{尿布}→{啤酒}应该是高可信度规则。在数学中定义为

$$\text{confidence}(X \Leftarrow Y) = P(X|Y) = P(XY)/P(Y) \tag{6.2}$$

可信度是给定前提条件下发生结果的条件概率。可信度揭示了 X 发生时，Y 是否也会发生或发生的概率大小。如果可信度为 100%，那么 X 和 Y 显然是同时发生的。如果置信度太低，就说明 X 的发生与 Y 是否发生相关性较小。

第 6 章　关联规则及推荐算法

在实际的建模过程中，需要我们设定合理的支持度和置信度。对于某条规则：$(A=a) \to (B=b)$（support=30%，confidence=60%）；其中 support=30% 表示在所有的数据记录中，同时出现 $A=a$ 和 $B=b$ 的概率为 30%；confidence=60% 表示在所有的数据记录中，在出现 $A=a$ 的情况下出现 $B=b$ 的概率为 60%，也就是条件概率。支持度揭示了 $A=a$ 和 $B=b$ 同时出现的概率，置信度揭示了当 $A=a$ 出现时，$B=b$ 是否会一定出现的概率。通常而言，如果支持度和置信度阈值设置得过高，虽然可以减少挖掘时间，但是很容易造成非频繁特征项被忽略掉，很难发现足够有用的规则；相反，如果支持度和置信度阈值设置得过低，又有可能产生过多的规则，甚至产生大量冗余和无效的规则，同时由于算法存在的固有问题，会导致高负荷的计算量，大大增加挖掘时间。

现在我们考虑一种新的情况，数据集表示如图 6-1 所示。

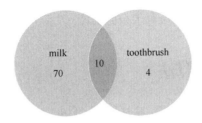

图 6-1　两类数据集的分布

通过图 6-1 中所给的数据，可以计算出 {toothbrush} → {milk} 的置信度为 $\frac{10}{10+4} \approx 0.7$，按照定义，这似乎是一个较高的置信度。但在实际情况中，这两件商品之间显然没有较高的关联性。此时，这种高置信度就会产生较为严重的误导，说明仅考虑信任的价值会限制我们进行任何业务推断的能力。因此，需要引入提升的概念来克服这一问题。

提升度是指在 {X} 已发生的情况下，{Y} 发生的概率对比所有 {X} 发生的情况下的 {Y} 的概率增加。数学上的定义为

$$\text{lift}(X \Leftarrow Y) = \frac{P(X|Y)}{P(X)} = \frac{\text{confidence}(X \Leftarrow Y)}{P(X)} \qquad (6.3)$$

如果规则的提升为 1，就意味着先例的发生概率与结果的发生概率彼此独立。当两个事件彼此独立时，就无法得出涉及这两个事件的规则。如果 lift > 1，就可以让我们知道这两种情况相互依赖的程度，并使这些规则对于预测将来的数据集中可能有用；如果 lift < 1，就可以让我们知道这些项目是彼此替代的。这意味着一项的存在对另一项的存在具有负面影响，反之亦然。提升度既考虑了规则的支持，又考虑了整个数据集。

再回到之前的 toothbrush（牙刷）与 milk（牛奶）的案例中，先求解在牙刷的情况下，推车上有牛奶的概率（置信度）为 $\frac{10}{10+4} \approx 0.7$。考虑在不了解牙刷的情况下推车上有牛

奶的概率为 $\frac{80}{100} = 0.8$。这表明，手推车上装有牙刷的同时装有牛奶的概率从 0.8 降低到 0.7。此时，通过式（6.3）求解提升度为 $\frac{0.7}{0.8} = 0.875$。现在，这更像现实中的情况了。提升度值小于 1，表示尽管规则显示高置信度，但牙刷的发生并不会增加牛奶发生的概率。提升度大于 1，表示{Y}和{X}之间的高度关联。提升度值越大，如果客户已经购买了{X}，那么偏好购买{Y}的机会就越大。

除此之外，还有一些常用的术语，频繁项集（frequent item sets）表示经常出现在一块的物品的集合（包含 0 个或多个项的集合称为项集），以及定义相似度时常用的 3 种指标，即 Pearson 系数、余弦相似度、修正余弦相似度。Pearson 系数刻画变量间线性关系的强弱。余弦相似度是指通过计算两个向量的夹角余弦值去评估相似度。修正余弦相似度是指中心化（减去平均值）后再求余弦相似度。

6.1.3 关联规则算法

机器学习使用关联规则的流行算法包括 AIS、SETM、Apriori 及其后者的变体 AprioriTid 算法，以及 AprioriHybrid 算法等。在这里主要介绍 3 种主流的关联规则算法。

AIS 算法在扫描数据库时，将生成候选项目集并进行实时计数，对于每个事务，确定该事务中包含前一遍的哪些大型项目集，通过在此事务中将这些大型项目集与其他项目一起扩展来生成新的候选项目集。该算法的缺点在于：它会导致不必要地生成和计数太多的候选项集，而这些项集却很小。

SETM 算法候选项目集是在扫描数据库时即时生成的，但在通过的末期进行计数。新的候选项目集的生成方式与 AIS 算法相同，但是生成的事务的 TID 与候选项目集一起保存在顺序结构中。在过程的最后，通过聚合此顺序结构来确定候选项目集的支持计数。SETM 算法具有与 AIS 算法相同的缺点。另一个缺点是，对于每个候选项目集，条目数与其支持值一样多。

Apriori 算法仅使用前一遍的大型项目集生成候选项目集，而无须考虑数据库中的事务，上一遍的大项目集与其自身相连，以生成大小大于 1 的所有项目集，删除子集不大的每个生成的项目集。其余项目集为候选项目集。Apriori 算法利用了以下事实：频繁项目集的任何子集也是频繁项目集。因此，该算法可以通过仅浏览支持数量大于最小支持数量的项目集来减少正在考虑的候选对象的数量。如果具有不频繁的子集，就可以删除所有不频繁的项目集。

6.2 Apriori 算法简介

本节将介绍 Apriori 算法，该算法使我们能够执行可扩展的优化关联规则学习。在开始之前，先回顾一下使用经典蛮力算法执行的关联规则查找过程。根据蛮力算法和数据的结构，我们必须基于通常较大的 1 个项集 M 生成长度为 2 到 N 的所有可能的项集，其中包含从项集中提取的所有项中的每个事务。N 是所生成规则的最大长度。该值通常等于 M 中项目的总数。最初，我们认为这些 k 个项目集都是潜在的规则候选者。这是一个复杂的迭代过程，在每个迭代过程中，通常会通过附加每个项目来生成$(k+1)$个项集的倍数到从规则集中检索到的当前规则的现有 k-项目集。以下过程从该规则开始，该规则 1 个项目集仅包含一个项目，该项目具有最大出现频率。在此过程中，我们将初始规则 1-项目集与 M 中的每个项目合并，以获得一组 2-项目集规则 $I-$。之后，我们需要将 I 中的每个项目附加到所有后续的 2 个项目集，以获取许多 3 个项目集规则，依次类推，直到最终获得大量的候选规则集。由于我们已经生成了规则候选的结果集，因此必须计算每个规则候选的支持度和置信度的值，然后仅过滤那些支持度值大于最小支持度值，并且置信度的值大于最小置信度的值。对于庞大的数据集，以下过程可能变得"浪费"，对 CPU 和系统内存使用量产生了很大影响。

Agrawal 和 Srikant 所提出的 Apriori 程序为规则候选生成提供了一种新的更为高效的方法。根据 Apriori 算法，我们将基本上执行广度优先搜索，仅针对所搜索到的候选对象生成新规则并计算支持度和置信度的值，对于这些候选者，支持度和置信度指标的值超过最小阈值。以下内容完全符合上面先前讨论的反单调性原则，频繁项目集的子集也必须是频繁项目集。具体而言，如果两个候选规则具有足够的支持度和置信度的值，那么生成的新规则将具有与这些度量完全相同的值或更高的值。采用该方法在规则挖掘过程结束时，可以大大减少计算量和系统内存消耗。Apriori 算法伪代码如下。

> Join Step: $C(k)$ is generated by joining $L(k\text{-}1)$ with itself
> Prune Step: Any $(k\text{-}1)$-itemset that is not frequent cannot be a subset of a subset of a frequent k-itemset
> Pseudo-code: $C(k)$: Candidate itemset of szie k
> $\qquad L(k)$: frequent itemset of size k
> $\qquad L(1)=\{\text{frequent items}\};$
> $\qquad$ For $(k=1;L(k)!=\text{null};k\text{++})$ do begin
> $C(k+!)=$candidates generated from $L(k)$;
> $\qquad$ For each transaction t in database do

Increment the count of all candidates in $C(k+1)$
That are contained in t
$L(k+1)$=candidates in $C(k+1)$ with min_support
End
Return Union $L(k)$

Apriori 算法的流程图如图 6-2 所示。

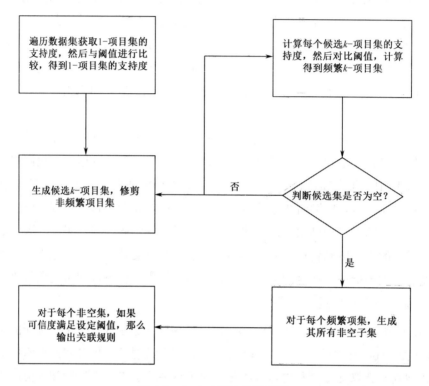

图 6-2 Apriori 算法的流程图

（1）初始化是 Apriori 算法的第一阶段。在此阶段，将创建一个初始的 1 项集，由从每个交易项目集中提取的项组成。为此，我们必须应用以下简单算法。对于数据集 T 中的每笔交易，都遍历一个项目集，对于每个特定项目进行简单检查，以确定结果项目集 R 中是否已存在该项目。我们需要将此项附加到结果集 R 上，以便获得一组唯一的，在执行特定计算时结束。在后续阶段，将使用此 1 个项目集 R 作为初始的候选规则集。

（2）产生一组潜在的规则候选者。生成候选规则集是 Apriori 算法的主要阶段。在此阶段，我们将基于已经存在的$(k-1)$个项目集迭代生成各种 k 个项目集，这些项目集是执行先前迭代的结果而获得的。项目集大小的初始值为 $k=2$。在每次迭代中，将为 k 的每个值（从 2 到 N）生成一组规则候选项。为此，我们需要从前面生成的子集中提取已经存在的规则大小等于(k-1)的迭代。之后，我们通过执行一系列嵌套的迭代来生成特定的规则候选项对。在每次迭代期间，我们只需将当前(k-1)个项目集与所有后续(k-1)个项目集，生成每个新的候选规则即可。Apriori 算法的一个非常重要的优化是，不再需要将(k-1)个项目集与所有其他可能的(k-1)个项目集组合在一起，因为我们对等效规则的生成不感兴趣；反之，这可以极大地减少所得规则集的潜在大小，并优化性能。

对于每对规则，我们执行验证第一项目集是否包含在所述第二项目集中。如果没有，那么两个项目集的置信度值都超过最小阈值。如果包含，我们合并这两个(k-1)个项目集以产生一个新的候选规则。对于新的候选规则，我们还可以计算置信度值。最后，需要将新产生的候选者添加到正在生成的新规则候选者集合中，并进行下一次迭代以生成新的(k+1)个项候选规则集合。通常，我们继续进行以下计算过程，直到最终获得一组新规则，这些规则的大小等于 N（$k = N$）。

（3）找出潜在的有趣且有意义的规则。如上所述，执行这些计算的结果实际上是一组规则的结果。此时，我们的目标是过滤掉集合中最有趣和最有意义的规则。为此，我们需要执行简单的线性搜索以找到所有规则，其中项集大小的值是最大值。具体来说，我们将遍历在步骤（2）中获得的新规则的结果集，并针对每个规则的项目集检查计算出的置信度值是否超过最小置信度阈值。如果是这样，就会将这些规则附加到生成的有趣规则集上。

（4）执行数据分类。数据分类是 Apriori 算法的最后阶段，在此阶段，我们将在集合 R 中找到所有规则，其中每个项集都包含类值。为此，我们将使用与前面简要讨论的步骤（3）中相同的简单线性搜索。假设我们给了一组类，对于每个类别我们将在规则集 R 中执行线性搜索以找到那些规则，其中每个项目集都包含当前类别的值。我们将把这些规则中的每个添加到与特定类值关联的结果集中。

6.3 基于内容的过滤和协同过滤

6.3.1 基于内容的过滤

基于内容的推荐是推荐系统在最开始时使用的最广泛推荐机制。其核心思想是根据推荐项目或内容的元数据发现项目或内容的相关性，根据用户过去的偏好记录类似物品将其推荐给用户。图 6-3 给出了基于内容推荐的基本原理。

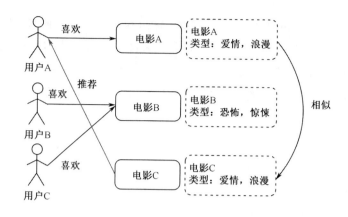

图 6-3 基于内容推荐的基本原理

图 6-3 是基于内容推荐的电影推荐系统。开始时，需要对电影的原始数据进行建模。使用电影的源数据来查找电影之间的相似性，主要是电影 A 和电影 C 都被认为是相似的电影（当然，仅基于类型是不够的。要得出更好的建议，还要考虑电影的导演、演员等）；最终，建议得以实现。对于用户 A，他喜欢看电影 A，然后系统可以向他推荐类似的电影 C。

上面这种以内容为基础的推荐机制的优势是可以很好地模拟用户的品位，并提供更准确的推荐，同时存在以下一些需要解决的问题。

（1）首先需要对数据进行分析和建模。推荐内容的质量是取决于模型的完整性和全面性。在当前应用程序中，可以看到关键字和标签（tag）是描述项目元数据的一种简单有效的方式。

（2）对物品相似性的分析仅取决于物品本身的特征，此处先不考虑人类的情感。

（3）因为有必要根据用户的过去偏好历史记录进行推荐，所以新用户存在"冷启动"问题。

尽管这种方法有许多缺点和问题，但已成功地应用于一些电影、音乐和书籍的社交网站。一些站点还邀请专业人员在报告中对项目进行遗传编码，如 Pandora。在 Pandora 的推荐引擎中，每首歌曲都具有 100 多种元数据功能，包括歌曲风格、年份、歌手等。

6.3.2 基于协同过滤的推荐

随着 Web 2.0 的发展，网站促进了用户的参与和用户的贡献，由此基于协同过滤的推荐机制顺势出现。它的运作方法非常简单，它基于用户对物品或信息的偏好程度，发现物品或信息本身的相关性，然后根据这些相关性进行推荐。基于协同过滤的推荐可以分为两个子类：基于用户的推荐和基于信息的推荐。

下面将详细介绍这两类协同过滤的推荐机制。

6.3.3 基于用户的协同过滤

基于用户的协同过滤算法的基本工作原理是基于所有用户对信息或物品的偏好程度，找到与当前用户的品位和偏好相似的用户组，如图 6-4 所示。在一般应用中，使用计算"邻居"的算法，根据邻居的历史偏好信息，为当前用户提出建议。

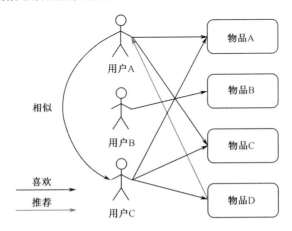

图 6-4 基于用户的协同过滤推荐算法机制的基本原理

图 6-4 说明了基于用户的协同过滤算法的原理。假设用户 A 喜欢物品 A 和物品 C，用户 B 喜欢物品 B，用户 C 喜欢物品 A、物品 C 和物品 D。从这些用户的历史记录中，在偏好信息中，可以发现用户 A 和用户 C 的偏好相似，并且用户 C 也喜欢物品 D，则可以推断出用户 A 也可能喜欢物品 D。因此，可以将物品 D 推荐给用户 A。

6.3.4 推荐算法的条件

协同过滤算法的实现离不开数据的收集、找到相似用户或物品-相似度计算过程和物品的推荐等。

1. 收集数据

这里的数据收集是用户的购买物品、出行、评论等历史数据，这些用户行为记录的数据都可以提供给推荐算法作为输入数据。值得注意的是，粒度不一样，数据的准确性也不一样，所以在使用数据时要考虑到噪声所带来的影响。

2. 找到相似用户或物品

找到相似用户或物品其实就是计算用户间及物品间的相似度。下面是几种计算相似度的方法。

（1）欧氏距离：

$$d(x,y) = \sqrt{(\sum (x_i - y_i)^2)}, \ \mathrm{Sim}(x,y) = \frac{1}{1+d(x,y)} \quad (6.4)$$

（2）皮尔逊相关系数：

$$p(x,y) = \frac{\sum x_i y_i - n\overline{xy}}{(n-1)S_x S_y} = \frac{n\sum x_i y_i - \sum x_i \sum y_i}{\sqrt{n\sum x_i^2 - (\sum x_i)^2}\sqrt{n\sum y_i^2 - (\sum y_i)^2}} \quad (6.5)$$

（3）Cosine 相似度：

$$T(x,y) = \frac{x \cdot y}{\|x\|^2 + \|y\|^2} = \frac{\sum x_i y_i}{\sqrt{\sum x_i^2}\sqrt{\sum x_i^2}} \quad (6.6)$$

（4）Tanimoto 系数：

$$T(x,y) = \frac{x \cdot y}{\|x\|^2 + \|y\|^2 - x \cdot y} = \frac{\sum x_i y_i}{\sqrt{\sum x_i^2}\sqrt{\sum x_i^2} - \sum x_i y_i} \quad (6.7)$$

3. 相似度计算过程

假设当前有 4 个用户：用户 A、用户 B、用户 C 和用户 D；共有 5 个物品：物品 a、物品 b、物品 c、物品 d 和物品 e。用户和物品（用户喜欢物品）之间的关系如图 6-5 所示。

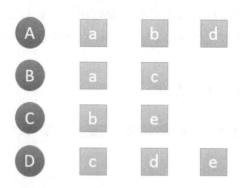

图 6-5　用户与物品的关系图

如何快速计算出所有用户之间的相似度呢？为了计算方便，通常首先需要建立"物品-用户"的倒排表，如图 6-6 所示。

第 6 章 关联规则及推荐算法

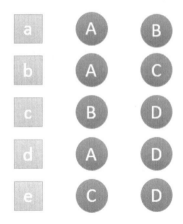

图 6-6 物品-用户的关系对应图

然后对于每个物品，喜欢他的用户，两两之间相同物品加 1。例如，喜欢物品 a 的用户有 A 和 B，那么在矩阵中他们两两加 1。这个矩阵用表 6-1 示。

表 6-1 用户喜好统计表

用户	用户			
	A	B	C	D
A	0	1	1	1
B	1	0	0	1
C	1	0	0	1
D	1	1	1	0

计算两两用户之间的相似度。上面的矩阵仅表示公式的分子。以余弦相似度为例，对表 6-2 进行进一步计算，如表 6-2 示。

表 6-2 用户相对相似度计算

用户	用户			
	A	B	C	D
A	0	$\frac{1}{\sqrt{3 \times 2}}$	$\frac{1}{\sqrt{3 \times 2}}$	$\frac{1}{\sqrt{3 \times 3}}$
B	$\frac{1}{\sqrt{3 \times 2}}$	0	0	$\frac{1}{\sqrt{3 \times 2}}$
C	$\frac{1}{\sqrt{3 \times 2}}$	0	0	$\frac{1}{\sqrt{3 \times 2}}$
D	$\frac{1}{\sqrt{3 \times 3}}$	$\frac{1}{\sqrt{3 \times 2}}$	$\frac{1}{\sqrt{3 \times 2}}$	0

至此，计算用户相似度已完成，从数字上即可找到相似的用户。

4. 物品的推荐

首先，需要从相似度矩阵中找出最类似于目标用户 u 的 k 用户[这里用集合 $S(u, k)$ 表示]，提取用户在 S 中喜欢的所有项，然后删除已经喜欢的项。对于每个候选项目 i，用户 u 对其兴趣程度通过以下公式计算。

$$p(u,i) = \sum_{v \in S(u,k) \cap N(i)} w_{uv} \times r_{vi} \qquad (6.8)$$

式中，r_{vi} 表示用户 v 对 i 的喜欢程度。在本例中都为 1，在一些需要用户给予评分的推荐系统中，则要代入用户评分。

下面举个例子以加深理解。假设我们要给用户 A 推荐物品，选取 k=3 个相似用户，相似用户则是 B、C、D，那么他们喜欢过并且用户 A 没有喜欢过的物品有 c、e，分别计算 $p(A, c)$ 和 $p(A, e)$。

$$p(A,c) = w_{AB} + w_{AD} = \frac{1}{\sqrt{6}} + \frac{1}{\sqrt{9}} = 0.7416 \qquad (6.9)$$

$$p(A,e) = w_{AC} + w_{AD} = \frac{1}{\sqrt{6}} + \frac{1}{\sqrt{9}} = 0.7416 \qquad (6.10)$$

5. 协同过滤算法存在的问题

该算法实现起来相对简单，但是在实际应用中有时会出现问题。例如，许多人可能会喜欢一些非常受欢迎的商品。这种商品的推荐是没有意义的。因此，在计算时，你需要增加此类商品的权重或完全删除此类商品。而且，对于一些通用的物品，如牛津字典、成语字典等，也不需要推荐。

6. 适用场景

在非社交网站中，一个非常重要的原则是内容的内在联系程度。例如，在购物软件或网页上，当你看一件衣服时，算法会推荐相关的衣服。这种推荐非常重要，超过了用户在软件或网站首页上看到的综合推荐的价值。

6.4 基于项目的协同过滤

6.4.1 协同过滤简介

基于项目的协同过滤推荐的基本原理与上述讲过的类似，不同的地方在于它使用所有用户对项目或信息的偏好来查找项目与项目之间存在的相似性，然后根据用户的历史偏好信息向用户推荐相似的项目。图 6-7 很好地说明了其基本原理。

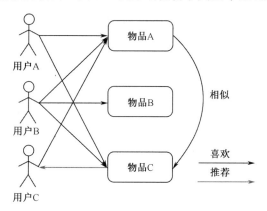

图 6-7　基于项目的协同过滤原理

与上述类似，基于项目的协同过滤推荐和基于内容的推荐实际上是基于项目相似性预测推荐，但是相似度计算方法不同。前者是根据用户的历史偏好推断出来的；而后者则是基于物品自己的属性特征信息。

6.4.2　协同过滤算法的主要步骤

基于项目的协同过滤算法主要分为两步：①计算物品的相似度；②针对目标用户 u，找到与用户历史上感兴趣的物品高度相似的物品集合。

1．计算物品的相似度

（1）遍历训练数据，统计喜欢每个物品的用户数。

（2）建立物品相似度矩阵。

如图 6-8 所示，左方为训练数据格式，右方为矩阵 C，遍历训练数据，计算出喜欢两两物品用户数，填入矩阵 C 中，如同时喜欢物品 a 和物品 b 的用户有 1 人。

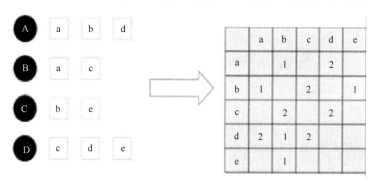

图 6-8　相似度矩阵样例图

(3) 得到矩阵 C 后，利用如下公式计算物品之间的相似度。

$$w_{ij} = \frac{|N(i) \cap N(j)|}{|N(i)|} \tag{6.11}$$

式中，w_{ij} 为物品 i 和物品 j 的相似度；$N(i)$ 为喜欢物品 i 的用户数，分子表示同时喜欢 i 和 j 的用户数。因此，式（6.11）可以理解为喜欢 i 的用户中有多少比例的用户也喜欢 j。

(4) 物品相似度计算公式的改进。

式（6.11）存在一个问题，如果物品 j 很热门，很多人都喜欢，那么 w_{ij} 就会很大，接近于 1。因此，使用式（6.11）会使任何物品与热门物品具有极大的相似性，这显然对于致力于挖掘更隐含信息的推荐系统不是一个好功能。为了不使它推荐受欢迎的物品，可以使用以下公式。

$$w_{ij} = \frac{|N(i) \cap N(j)|}{\sqrt{|N(i)||N(j)|}} \tag{6.12}$$

式（6.12）减少了物品 j 的权重，会减轻热门物品和其他物品的相似度。

(5) 进一步改进物品相似度计算公式，惩罚活跃用户。

假如有这么一个用户，他是开书店的，并且买了当当网上 80% 的书准备自己来卖，那么他的购物车里包含当当网 80% 的书。从前面的讨论来看，这意味着有很多书两两之间就产生了相似度，并且内存中将诞生一个非常大的稠密矩阵。

因此，提出用户活跃度对数的倒数的参数（Inverse User Frequence，IUF），使用 IUF 来修正物品相似度的计算公式。

$$w_{ij} = \frac{\sum_{u \in N(i) \cap N(j)} \frac{1}{\log 1 + |N(u)|}}{\sqrt{|N(i)||N(j)|}} \tag{6.13}$$

式中，u 为同时喜欢物品 i 和 j 的用户；$N(u)$ 为用户 u 喜欢的物品数量。

2. 针对目标用户 u，找到与用户历史上感兴趣的物品高度相似的物品集合

在这里我们引入名词兴趣程度来表示用户 u 对物品 j 的感兴趣程度 $p(u,j)$，它的计算公式为

$$p_{uj} = \sum_{j \in N(u) \cap S(j,K)} w_{ji} r_{ui} \tag{6.14}$$

式中，K 为找到的相似项目的数量；N 为用户推荐的项目数；$S(j,K)$ 为与项目 j 最相似的 K 个项目的集合。根据 $p(u,j)$ 由高到低确定 N 个推荐给用户 u 的物品。

3. 评测指标

如何判断这个推荐机制是否符合要求？怎样来评测这个推荐机制？我们通常根据均匀分布将用户行为数据随机分为 M 个，选择一个作为测试集，然后使用剩余的 $M-1$ 作为训练集。为了防止评估指标成为过度拟合的结果，总共进行了 M 次实验，每次使用不同的测试集。最终评估指标是 M 次实验的评估指标的平均值。一般我们关注以下几个指标。

（1）召回率。对用户 u 推荐 N 个物品〔记为 $R(u)$〕，设用户 u 在测试集上喜欢的物品集合为 $T(u)$，召回率（recall）描述有多少比例的用户-物品评分记录包含在最终的推荐列表中。

$$\text{recall} = \frac{\sum_{u}|R(u) \cap T(u)|}{\sum_{u}|T(u)|} \qquad (6.15)$$

（2）准确率。准确率（precision）描述最终的推荐列表中有多少比例是发生过的用户-物品评分记录。

$$\text{precision} = \frac{\sum_{u}|R(u) \cap T(u)|}{\sum_{u}|R(u)|} \qquad (6.16)$$

（3）覆盖率。覆盖率（coverage）反映了推荐算法发掘长尾的能力，覆盖率越高，说明推荐算法越能够将长尾中的物品推荐给用户。分子部分表示实验中所有被推荐给用户的物品数目（集合去重），分母表示数据集中所有物品的数目。

$$\text{coverage} = \frac{|U_{u \in U} R(u)|}{|I|} \qquad (6.17)$$

6.4.3 应用场景

当前网站上的推荐通常不仅使用某种推荐机制和策略，还经常混合使用多种方法以获得更好的推荐结果。下面介绍几种常用的组合方法。

（1）加权混合：根据特定的权重，使用线性公式组合几种不同推荐。需要在测试数据集上重复测试特定权重值，以得到最好推荐效果。混合切换：如前所述，实际上，对于不同的情况（数据量、系统运行状态、用户数和项目数等），推荐策略差别较大，因此混合切换的方法是允许在这种情况下，选择最合适的推荐算法来计算推荐。

（2）分区混合：采用多种推荐机制，向不同地区的用户显示不同的推荐结果。实际上,亚马逊、当当网和许多其他电子商务网站都在使用这种方法,用户可以获得非常全面的推荐,并且更容易找到他们需要的东西。

(3)分层混合:采用多重推荐机制,将一种推荐机制的结果用作另一种推荐机制的输入,从而平衡每种推荐机制的优缺点,以获得更准确的推荐。

6.4.4 基于人口统计学的推荐机制

基于人口统计学的推荐机制是最容易实现的推荐方法。它仅根据系统用户的基本信息发现用户的相关性,然后向当前用户推荐相似用户喜欢的其他信息或物品,如图 6-9 所示。

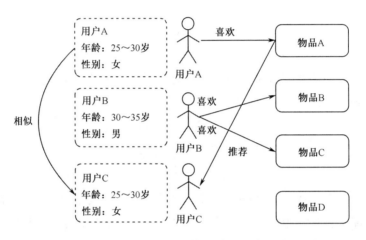

图 6-9 基于人口统计学的推荐机制的工作原理

从图 6-9 中可以看出,首先,该系统针对每个用户的个人资料进行建模,包括用户的基本信息;其次,系统将根据用户的个人资料来进行用户相似度计算,可以看到用户 A 的个人资料与用户 C 相同;再次,系统将用户 A 和用户 C 认定为相似的用户,推荐引擎把这类称为"邻居";最后,根据"邻居"用户组的信息,对当前用户进行推荐项目。在图 6-9 中,向用户 C 推荐用户 A 喜欢的物品 A。

基于用户的协同过滤推荐机制和基于人口统计的推荐机制都通过计算用户的相似度,区别在于:如何根据人口统计来计算用户的相似度,这种机制仅考虑用户的自身特征;而基于用户的协同过滤推荐机制则根据用户的历史偏好数据计算用户的相似度。它的基本假设是喜欢类似物品的用户,可能具有相同或相似的品位和偏好。

这种基于人口统计的推荐机制的优点是:由于不使用当前用户的物品偏好等历史数据,因此新用户不存在"冷启动"问题;此方法不依赖于物料本身的数据,因此该方法可用于不同物品。

该方法的缺点是：根据用户的基本信息对用户进行分类的方法有些粗暴，尤其是对某些品位要求比较高的领域，如咖啡等领域，得不到理想的推荐效果；其次是此方法会涉及比较敏感的信息，如用户的体重等，这些信息不好获取。

6.5 案例分析

6.5.1 Apriori 算法的实验步骤

步骤 1：生成数据集。

在本实验中，我们通过啤酒、尿布的经典案例，来构造一个简单的数据集进行测试，实验数据如下。

```
def loadDataSet():
    return [[1, 3, 4], [2, 3, 5], [1, 2, 3, 5], [2, 5]]
```

步骤 2：创建集合 C1。

创建集合 C1，即对 dataSet 进行去重、排序，并放入 list 中，然后转换所有的元素为 frozenset。

```
def createC1(dataSet):
    C1 = []
    for transaction in dataSet:
        for item in transaction:
            if not [item] in C1:
                C1.append([item])
    C1.sort()
    # 使用 frozenset 是为了后面可以将这些值作为字典的键
    return list(map(frozenset, C1))  # frozenset 一种不可变的集合，set 可变集合
    print('->->->->->->->->->->->->->->->->->->->->->->->->->->->>')
```

步骤 3：计算候选项集。

在该函数中，输入值为数据集 D、候选项集 Ck 及最小支持度，然后计算候选数据集 Ck 在数据集 D 中的支持度，并返回支持度大于最小支持度（minSupport）的数据。

```
def scanD(D, Ck, minSupport):
    ssCnt = {}
    for tid in D:
```

```python
            for can in Ck:
                if can.issubset(tid):  # 判断can是否是tid的子集（这里使用子集的方式来判断两者的关系）
                    if can not in ssCnt:  # 统计该值在整个记录中满足子集的次数（以字典的形式记录，frozenset为键）
                        ssCnt[can] = 1
                    else:
                        ssCnt[can] += 1
        numItems = float(len(D))
        retList = []          # 重新记录满足条件的数据值（支持度大于阈值的数据）
        supportData = {}      # 每个数据值的支持度
        for key in ssCnt:
            support = ssCnt[key] / numItems
            if support >= minSupport:
                retList.insert(0, key)
            supportData[key] = support
        return retList, supportData  # 排除不符合支持度元素后的元素，每个元素支持度
```

步骤4：构建组合函数。

在该函数中，输入参数为频繁项集 Lk 与项集元素 k，输出为候选项集 Ck。在组合过程中，如用{0,1}、{0,2}、{1,2}来创建三元素集，如果两两组合，就会有重复的集合出现，因此需要尽可能少地遍历列表的次数，在这里只比较集合{0,1}、{0,2}、{1,2}的第一个元素，并只对第一个元素相同的集合进行合并，同样能得到{0,1,2}而只执行了一次。

```python
    def aprioriGen(Lk, k):
        retList = []
        lenLk = len(Lk)
        for i in range(lenLk):
            for j in range(i+1, lenLk):
                #前k-2个项相同时，将两个集合合并
                L1 = list(Lk[i])[: k-2]
                L2 = list(Lk[j])[: k-2]
                # print '-----i=', i, k-2, Lk, Lk[i], list(Lk[i])[: k-2]
                # print '-----j=', j, k-2, Lk, Lk[j], list(Lk[j])[: k-2]
                L1.sort()
                L2.sort()
                # 第一次L1、L2为空，元素直接进行合并，返回元素两两合并的数据集
                if L1 == L2:
                    # set union
```

```
            # print 'union=', Lk[i] | Lk[j], Lk[i], Lk[j]
            retList.append(Lk[i] | Lk[j])
    return retList
```

步骤 5：构建 Apriori 主函数。

首先构建集合 C1，然后扫描数据集判断这些只有一个元素的项集是否满足最小支持度的要求。如果满足最小支持度的要求，就保留该项集，得集合 L1。然后 L1 中的元素相互组合成 C2，C2 再进一步过滤变成 L2，然后以此类推，直到 Cn 的长度为 0 时结束，即可找出所有频繁项集的支持度。

```
def apriori(dataSet, minSupport=0.5):
    # C1 即对 dataSet 进行去重、排序，并放入 list 中，然后转换所有的元素为 frozenset
    C1 = createC1(dataSet)
    # 对每行进行 set 转换，然后存放到集合中
    D = list(map(set, dataSet))
    # 计算候选数据集 C1 在数据集 D 中的支持度，并返回支持度大于 minSupport 的数据
    L1, supportData = scanD(D, C1, minSupport) # 过滤数据
    # L 加了一层 list, L 一共 两 层 list
    L = [L1]
    k = 2
    # 判断 L 的第 k-2 项的数据长度是否大于 0。第一次执行时 L 为 [[frozenset([1]), frozenset([3]), frozenset([2]), frozenset([5])]]
    # L[k-2]=L[0]=[frozenset([1]), frozenset([3]), frozenset([2]), frozenset([5])]，最后面 k += 1
    while (len(L[k-2]) > 0):
        # 例如，以 {0}、{1}、{2} 为输入且 k = 2，则输出 {0,1}、{0,2}、{1,2}；以 {0,1}、{0,2}、{1,2} 为输入且 k = 3，则输出 {0,1,2}
        Ck = aprioriGen(L[k-2], k)
        Lk, supK = scanD(D, Ck, minSupport) # 计算候选数据集 Ck 在数据集 D 中的支持度，并返回支持度大于 minSupport 的数据
        # 保存所有候选项集的支持度，如果字典没有，就追加元素，如果有，就更新元素
        supportData.update(supK)
        if len(Lk) == 0:
            break
        # Lk 表示满足频繁子项的集合，L 元素在增加
        L.append(Lk)
        k += 1
    return L, supportData # L 频繁项集的全集, supportData 所有元素和支持度的全集
```

步骤 6：定义测试函数。

我们定义一个测试函数，来对算法进行测试，输出最终的频繁集及它们支持度的全集，这里在支持度分别为 0.5 和 0.7 时进行测试。

```python
def testApriori():
    # 加载测试数据集
    dataSet = loadDataSet()
    print ('dataSet: ', dataSet)

    # Apriori 算法生成频繁项集及它们支持度的全集
    L1, supportData1 = apriori(dataSet, minSupport=0.7)
    print ('L(0.7): ', L1)
    print ('supportData(0.7): ', supportData1)

    print ('->->->->->->->->->->->->->->->->->->->->->->->->->')

    # Apriori 算法生成频繁项集及它们支持度的全集
    L2, supportData2 = apriori(dataSet, minSupport=0.5)
    print ('L(0.5): ', L2)
    print ('supportData(0.5): ', supportData2)
    print('->->->->->->->->->->->->->->->->->->->->->->->->->')
```

输出结果如图 6-10 所示。

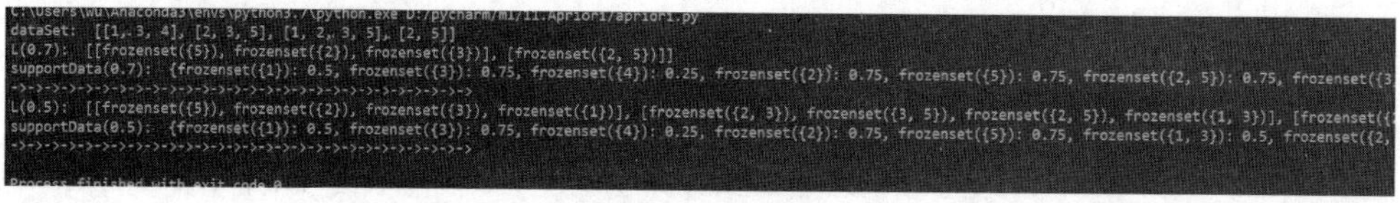

图 6-10　Apriori 算法的输出结果

在最小支持度为 0.7 时，1 项集的频繁项集有{5}、{2}、{3}，2 项集的频繁项集为{2,5}。然后在 supportData 中可以看到，每个频繁项集的支持度，也可以观察到哪些为舍弃值。

6.5.2　基于用户的协同过滤算法的实验步骤

步骤 1：数据的导入。

在本实验中，实现一个书籍推荐的小案例，数据包含 3 个属性：用户 ID、书籍的评分及书籍的 ID。数据会在本地给出，详情请参见文件 "uid_score_bid.dat"，实验数据如图 6-11 所示。

```
uid_score_bid.dat - 记事本
文件(F) 编辑(E) 格式(O) 查看(V) 帮助(H)
dingdanglbh,4.0 ,25862578
Luna-cat,5.0 ,25862578
aiyung,5.0 ,25862578
39553070,5.0 ,25862578
3639653,5.0 ,25862578
myliu,5.0 ,25862578
46910030,5.0 ,25862578
xiyuweilan,5.0 ,25862578
49118031,4.0 ,25862578
changanamei,4.0 ,25862578
seasonshadgone,5.0 ,25862578
78728561,5.0 ,25862578
bdleizi,5.0 ,25862578
violetblue,5.0 ,25862578
frogsun,4.0 ,25862578
yican,4.0 ,25862578
Alaleio,5.0 ,25862578
78468518,1.0 ,25862578
shih3,4.0 ,25862578
naughty_piggy,5.0 ,25862578
48568576,4.0 ,25862578
cindyvvv,5.0 ,25862578
outman2011,3.0 ,25862578
lovings,5.0 ,25862578
64124115,5.0 ,25862578
70860479,4.0 ,25862578
43644857,5.0 ,25862578
```

图 6-11 数据样例图

然后从文件中读取每条的数据，并用空格将数据进行划分，并对数据进行整理。实验代码如下。

```python
from math import sqrt

fp = open("D:/pycharm/rcmsys/uid_score_bid.dat","r")

users = {}

for line in open("uid_score_bid.dat"):
    lines = line.strip().split(",")
    if lines[0] not in users:
        users[lines[0]] = {}
    users[lines[0]][lines[2]]=float(lines[1])
```

原数据按照书籍的 ID 进行排序，此时需要对数据进行初步处理，将每个用户的评论数据汇总到一个字典中。得到如用户"71614153"的评分结果如下。

1.
'71614153': {'6082808': 4.0, '10594787': 4.0, '26425831': 3.0, '6781808': 3.0, '26382433': 4.0, '1017143': 4.0, '1431870': 5.0, '1089243': 3.0, '1424741': 5.0, '2143732': 4.0, '1090043': 4.0, '6789605': 4.0, '1046265': 3.0, '1400705': 4.0, '4742918': 5.0, '4010969': 5.0, '1057244': 5.0, '4011670': 5.0, '4105446': 3.0, '1291809': 5.0, '4011440': 5.0, '1008988': 5.0, '25826936': 4.0, '10569619': 3.0, '2154960': 3.0, '1029791': 5.0, '11528350': 4.0, '1059419': 3.0, '1336330': 5.0, '1465324': 5.0, '1292416': 5.0, '1007305': 4.0, '2256039': 4.0, '1948901': 4.0, '2

6264967': 3.0, '5275059': 5.0, '1080370': 5.0, '1141406': 5.0, '1092168': 5.0, '1040771': 5.0, '1461903': 5.0, '1063401': 4.0, '3066477': 5.0, '1085860': 4.0, '5446490': 5.0, '1054917': 4.0, '3315879': 4.0, '1119522': 3.0, '1418686': 4.0, '5337243': 4.0, '1076654': 5.0, '1073744': 3.0, '3673651': 5.0, '6016234': 4.0, '6097966': 5.0, '26286208': 4.0, '1022632': 5.0}, '51773730': {'6082808': 5.0, '10594787': 4.0, '26425831': 5.0, '6781808': 5.0, '26382433': 5.0, '1017143': 5.0, '1431870': 3.0, '1089243': 5.0, '1424741': 4.0, '2143732': 4.0, '1090043': 4.0, '6789605': 5.0, '1046265': 5.0, '1400705': 5.0, '4742918': 5.0, '4010969': 5.0, '1057244': 4.0, '4011670': 4.0, '4105446': 5.0, '1291809': 5.0, '4011440': 3.0, '1008988': 5.0, '25826936': 4.0, '10569619': 4.0, '2154960': 4.0, '1029791': 5.0, '11528350': 3.0, '1059419': 4.0, '1336330': 5.0, '1465324': 5.0, '1292416': 4.0, '1007305': 5.0, '2256039': 3.0, '1948901': 4.0, '26264967': 4.0, '5275059': 5.0, '1080370': 5.0, '1141406': 4.0, '1092168': 5.0, '1040771': 3.0, '1461903': 5.0, '1063401': 4.0, '3066477': 4.0, '1085860': 5.0, '5446490': 5.0, '1054917': 5.0, '3315879': 5.0, '1119522': 1.0, '1418686': 4.0, '5337243': 4.0, '1076654': 4.0, '1073744': 5.0, '3673651': 4.0, '6016234': 3.0, '6097966': 5.0, '26286208': 5.0, '1022632': 5.0}

步骤 2：创建 recommender 类。

创建 recommender 类，代码如下。

```
class recommender:
```

对类中变量进行声明及初始化，主要包括 users 数据集、所需要的近邻阈值 k、相似度的计算方法，以及推荐书的个数。

```
def __init__(self, data, k=3, metric='pearson', n=12):

    self.k = k
    self.n = n
    self.username2id = {}
    self.userid2name = {}
    self.productid2name = {}

    self.metric = metric
    if self.metric == 'pearson':
        self.fn = self.pearson
    if type(data).__name__ == 'dict':
        self.data = data
```

步骤 3：计算用户相似度。

在该函数中，本实验中没有采用传统的距离，而是采用了 pearson 系数来定义用户间的相似度。

```
def pearson(self, rating1, rating2):
    sum_xy = 0
```

```python
sum_x = 0
sum_y = 0
sum_x2 = 0
sum_y2 = 0
n = 0
for key in rating1:
    if key in rating2:
        n += 1
        x = rating1[key]
        y = rating2[key]
        sum_xy += x * y
        sum_x += x
        sum_y += y
        sum_x2 += pow(x, 2)
        sum_y2 += pow(y, 2)
if n == 0:
    return 0

#皮尔逊相关系数计算公式
denominator = sqrt(sum_x2 - pow(sum_x, 2) / n) * sqrt(sum_y2 - pow(sum_y, 2) / n)
if denominator == 0:
    return 0
else:
    return (sum_xy - (sum_x * sum_y) / n) / denominator
```

步骤4:求解相似度。

在该函数中,输入参数为所需要推荐的用户 ID,输出为激励列表。在此过程中,通过求解每个用户与推荐用户的 pearson 系数来构建距离列表。

```python
def computeNearestNeighbor(self, username):
    distances = []
    for instance in self.data:
        if instance != username:
            distance = self.fn(self.data[username],self.data[instance])
            distances.append((instance, distance))
    
    distances.sort(key=lambda artistTuple: artistTuple[1],reverse=True)
    return distances
```

步骤 5：构建推荐算法主函数。

在该函数中，我们对整个推荐过程进行组装，计算用户之间的相似度，然后将最近邻的 k 个人中的用户没有参与评论的书籍进行推荐。为了解决量纲问题，对相似度数据进行归一化处理，然后根据权值对该书本进行打分，最后对书本进行排序，输出推荐的书籍的信息及最近邻用户的相似度。

```python
def recommend(self, user):
    #定义一个字典，用来存储推荐的书单和分数
    recommendations = {}
    #计算出 user 与所有其他用户的相似度，返回一个 list
    nearest = self.computeNearestNeighbor(user)
    # print nearest

    userRatings = self.data[user]
    # print userRatings
    totalDistance = 0.0
    #得出最近的 k 个近邻的总距离
    for i in range(self.k):
        totalDistance += nearest[i][1]
    if totalDistance==0.0:
        totalDistance=1.0

    #将与 user 最相近的 k 个人中 user 没有看过的书推荐给 user，并且这里又做了一个分数的计算排名
    for i in range(self.k):

        #第 i 个人的与 user 的相似度，转换到[0,1]之间
        weight = nearest[i][1] / totalDistance

        #第 i 个人的 name
        name = nearest[i][0]

        #第 i 个用户看过的书和相应的打分
        neighborRatings = self.data[name]

        for artist in neighborRatings:
            if not artist in userRatings:
```

```
        if artist not in recommendations:
            recommendations[artist] = (neighborRatings[artist] * weight)
        else:
            recommendations[artist] = (recommendations[artist]+ neighborRatings[artist] * weight)

recommendations = list(recommendations.items())
recommendations = [(self.convertProductID2name(k), v)for (k, v) in recommendations]

#做了一个排序
recommendations.sort(key=lambda artistTuple: artistTuple[1], reverse = True)

return recommendations[:self.n],nearest
```

步骤 6：定义主函数。

我们定义一个测试主函数，来对算法进行测试，输入一个用户 ID，如"changanamei"进行书籍推荐，输出最终的推荐书籍列表及最近邻的 15 个用户的相似度信息，代码如下。

```
def adjustrecommend(id):
    bookid_list = []
    r = recommender(users)
    k,nearuser = r.recommend("%s" % id)
    for i in range(len(k)):
        bookid_list.append(k[i][0])
    return bookid_list,nearuser[:15]    #bookid_list 推荐书籍的 ID，nearuser[:15]最近邻的 15 个用户
bookid_list,near_list = adjustrecommend("changanamei")
print ("bookid_list:",bookid_list)
print ("near_list:",near_list)
```

输出结果如图 6-12 所示。

```
bookid_list: ['2143732', '4105446', '3315879', '1119522', '1059419', '1073744', '1431870', '1090043', '4742918', '10594787', '1057244', '2154960']

near_list: [('122946019', 0.9547859244962533), ('56746289', 0.8280786712108233), ('yiminuansheng', 0.8236877675803737), ('4030281', 0.8209008497548285), ('46832091', 0.816666666666671), ('111223566', 0.812420748459488), ('4750931', 0.8017837257372784), ('65121529', 0.8006407690254372), ('57475649', 0.7883561227922886), ('budingsetlla', 0.7784989441615238), ('69874649', 0.7698003589195094), ('122191787', 0.7654779007031404), ('bshayna', 0.7500000000000061), ('94986189', 0.7500000000000061), ('53728385', 0.7500000000000061)]
```

图 6-12　输出结果

6.5.3 基于项目的推荐算法的实验步骤

步骤 1：构造数据集。

在本实验中，我们构造一个简单的案例，测试为三维数组，包括用户、兴趣度及物品 ID，实验数据如下。

```
uid_score_bid = ['A,1,a', 'A,1,b', 'A,1,d', 'B,1,b', 'B,1,c', 'B,1,e', 'C,1,c', 'C,1,d', 'D,1,b', 'D,1,c', 'D,1,d', 'E,1,a', 'E,1,d']
data=loadData(uid_score_bid) #获得数据
```

步骤 2：原数据按照书籍的 ID 进行排序，此时需要对数据进行初步处理，将每个用户的评论数据汇总到一个字典中。

```
def loadData(files):
    data ={}
    for line in files:
        user,score,item=line.split(",")
        data.setdefault(user,{})
        data[user][item]=score
    print ("----1.用户：物品的倒排----")
    print(data)
    return data
```

得到所有用户的物品倒排结果如下。

```
{'A': {'a': '1', 'b': '1', 'd': '1'}, 'B': {'b': '1', 'c': '1', 'e': '1'}, 'C': {'c': '1', 'd': '1'}, 'D': {'b': '1', 'c': '1', 'd': '1'}, 'E': {'a': '1', 'd': '1'}}
```

步骤 3：计算共现矩阵。

计算任何两位用户之间的相似度，由于每位用户感兴趣的物品不完全一样，因此首先要构建一个物品的共现矩阵。在本实验中，我们采用欧氏距离计算两者之间的相似度，如果有兴趣可以换成 pearson 相似度进行实验。

```
def similarity(data):
    # 构造物品：物品的共现矩阵
    N={}#喜欢物品 i 的总人数
    C={}#喜欢物品 i 也喜欢物品 j 的人数
    for user,item in data.items():
        for i,score in item.items():
            N.setdefault(i,0)
            N[i]+=1
            C.setdefault(i,{})
```

```
            for j,scores in item.items():
                if j not in i:
                    C[i].setdefault(j,0)
                    C[i][j]+=1

    print("---2.构造的共现矩阵---")
    print ('N:',N)
    print ('C',C)

    #计算物品与物品的相似矩阵
    W={}
    for i,item in C.items():
        W.setdefault(i,{})
        for j,item2 in item.items():
            W[i].setdefault(j,0)
            W[i][j]=C[i][j]/sqrt(N[i]*N[j])
    print("---3.构造的相似矩阵---")
    print (W)
    return W
```

分别得到基于物品的共现矩阵和相似度矩阵,结果如下。

```
---共现矩阵如下---
N: {'a': 2, 'b': 3, 'd': 4, 'c': 3, 'e': 1}
C {'a': {'b': 1, 'd': 2}, 'b': {'a': 1, 'd': 2, 'c': 2, 'e': 1}, 'd': {'a': 2, 'b': 2, 'c': 2}, 'c': {'b': 2, 'e': 1, 'd': 2}, 'e': {'b': 1, 'c': 1}}
---相似矩阵如下---
{'a': {'b': 0.4082482904638631, 'd': 0.7071067811865475}, 'b': {'a': 0.4082482904638631, 'd': 0.5773502691896258, 'c': 0.6666666666666666, 'e': 0.5773502691896258}, 'd': {'a': 0.7071067811865475, 'b': 0.5773502691896258, 'c': 0.5773502691896258}, 'c': {'b': 0.6666666666666666, 'e': 0.5773502691896258, 'd': 0.5773502691896258}, 'e': {'b': 0.5773502691896258, 'c': 0.5773502691896258}}
```

步骤4:构建推荐算法的主函数。

首先构建主函数,遍历所有的项目,找出符合推荐阈值的前 k 个相似度较高的用户记录;然后筛选出该用户的感兴趣列表中未出现的物品项,并通过加权给予评分;最后按照评分进行排序。

```
def recommandList(data,W,user,k=3,N=10):
    rank={}
    for i,score in data[user].items(): #获得用户 user 历史记录,如用户 A 的历史记录为
```

{'a': '1', 'b': '1', 'd': '1'}
```
        for j,w in sorted(W[i].items(),key=operator.itemgetter(1),reverse=True)[0:k]: #获得与物品 i 相似的 k 个物品
            if j not in data[user].keys(): #该相似的物品不在用户 user 的记录中
                rank.setdefault(j,0)
                rank[j]+=float(score) * w

    print("---4.推荐----")
    print (sorted(rank.items(),key=operator.itemgetter(1),reverse=True)[0:N])
    return sorted(rank.items(),key=operator.itemgetter(1),reverse=True)[0:N]
```

最后调用主函数,得到最终的推荐物品。

```
W=similarity(data) #计算物品相似矩阵
recommandList(data,W,'A',3,10) #推荐
```

输出结果如下。

```
---4.推荐----
[('c', 1.2440169358562925), ('e', 0.57735026918962580)]
```

第 7 章 启发式学习

本章学习目标
- 掌握几种传统的启发式算法的原理。
- 运用 Python 实现几种优化算法。

本章介绍几种常见的启发式算法及其原理与使用。

7.1 启发式学习的介绍

在当今技术背景下，人工智能的发展催生出很多美好的事物。人们花了几十年的时间研究如何优化数学计算，使复杂的学习算法发挥作用。此外，我们已经超越自身的物种，正努力创造新一代智能体。这一切，只因为大自然及其所包含的一切，深深地植根于人工智能的运作之中。

David Attenborough 的野生动物纪录片令人震撼，他们通过高清晰的细节记录了地球上诸多物种的行为和特征，如何融入自然生态系统，并协同共存使得自然生机勃勃——使其成为"地球"。虽然不是 David Attenborough，但是作者也献上了一部"野生动物纪录片"，介绍那些直接受大自然启发而产生的人工智能算法。在此之前，首先介绍两个算法概念：搜索（路径寻找）算法和预测建模算法。

7.1.1 搜索算法

搜索算法本质上是一种程序，它是用来寻找通往目标的最优（最短）路径。例如，旅行推销员问题是一个典型的搜索优化问题，其中包含给定的一系列城市及其之间的距离。你必须为推销员找到经过每个城市一次而且仅一次的路径，使得花费的时间和开销最少（确保你回到起点城市）。这个问题实际运用最多的是货运车。假设在伦敦，有100人在网络上下单运货。此时，运货员需要将所有的箱子装进货车，他必须要找到一条高效的收货路线（平衡距离与所花费的时间），以便从仓库交付这些包裹（最终还要返回仓库），并且能够确保公司在此任务中花费的时间和金钱降到最低。

7.1.2 预测建模算法

在算法发展的今天，有关预测建模的探讨是最多的。像谷歌这样的大公司也正试图用人工智能来解决世界上的各种问题。预测模型本质上是使用统计数据来预测结果的。数据科学家通常试图解决两种类型的预测模型问题：回归和分类。回归是探索两组数据变量之间关联性的过程；分类是确定一个数据集属于不同组的概率的过程。

7.2 爬山算法

爬山算法是一类最简单的贪心搜索算法，每次都从当前解的相邻解空间中选择一个最好解作为当前解，直到达到局部最优解。虽然爬山算法容易实现，但是它存在一个致命缺点：算法可能会陷入局部最优解，导致可能无法搜索到全局最优解。

如图 7-1 所示，如果选择 C 点作为当前解，爬山算法继续搜索时，当到达 A 点这个局部最优解时，爬山算法将不会继续进行搜索了，因为在 A 点后，无论向左还是向右小幅度移动都不会得到更优的解。

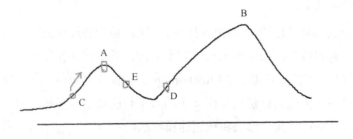

图 7-1　爬山算法示意图

7.2.1　爬山算法的描述

（1）爬山算法是一种局部搜索算法，是深度优先搜索的一种改进，它利用反馈信息帮助生成求解决策，是一种人工智能算法。

（2）从当前节点开始，并将其与近邻节点的值进行比较。如果当前节点最大，就返回当前节点作为最大值（峰值的最高点）；否则，将当前节点替换为最高的邻居节点，从而达到爬到山顶的目的，以此类推，直到到达山顶。

7.2.2 爬山算法优缺点的分析

1. 优点

通过启发来选择部分节点，从而达到提高效率的目的。

2. 缺点

首先，爬山算法是一种局部搜索算法，即选择的节点在小范围内比其他的任何节点都高，但它却可能不是整个问题的最高点，也就是得到的结果不一定是全局最优解；其次，一旦搜索到高地（也称为平顶），就找不到最优的搜索方向，会产生随机行走，降低搜索效率；最后，搜索可能会在"山脊"的两侧来回振荡，且前进幅度很小，如图7-2所示。

图7-2　爬山算法中的局部最优解和全局最优解

7.3　遗传算法

7.3.1 遗传算法概述

遗传算法（Genetic Algorithm，GA）的诞生是受到生物中遗传学的启发。它是模拟达尔文生物进化论中的"物竞天择"及遗传学原理的生物进化过程的一种计算模型，是一种通过模拟自然进化过程而实现寻优的算法。遗传算法首先随机生成一组解来生成一个种群（population）；然后不断地进行优化。在每次优化中，遗传算法会计算整个种群的成本函数，从而得到一个有关解的有序列表。

7.3.2 遗传算法的过程

遗传算法是一类借鉴生物界的进化规律（适者生存，优胜劣汰的遗传机制）演化而来的随机化搜索方法。

关键步骤如下。

（1）基因编码。在这个过程中，尝试对一些个体的基因做描述，构造这些基因的结构，就像确定函数自变量的过程。

（2）设计初始群体。在这个环节，需要造出一个种群出来，这些种群有很多生物个体，但是基因都不相同。

（3）适应度计算（剪枝）。在这个环节，需要造一些"上帝的剪刀"，对那些不太适应的个体进行裁剪，不让它们产生后代。与最终遴选规则差异大的个体肯定不适合作为备选对象，该减掉的一定要减掉，否则它产生的后代只会让计算量更大而距离逼近目标没有增益。

（4）产生下一代。产生下一代这个环节有 3 种方法：直接选择、基因重组、基因突变。

（5）然后再回到步骤（3）进行循环，适应度计算，产生下一代，这样一代代找下去，直到找到最优解为止。

遗传算法在解决很多领域的问题时都表现出很好的特性，如旅行商问题（Traveling Salesman Problem，TSP）、九宫问题（八数码问题）、生产调度问题（Job Shop Scheduling Problem）、背包问题（Knapsack Problem，KP）等。

7.3.3 遗传算法实例

下面介绍两个具体的解题实例。

1. 背包问题

背包问题是一种组合优化的 NP（多项式复杂程度的非确定性问题）完全问题，这类 NP 问题的特点很明显，即"生成一个问题的一个解通常比验证一个给定的解需要花费更多的时间"。背包问题的实质就是存在一个容量为 V 的背包，现在有 N 件物品需要装进包中。第 i 件物品的质量用 $w[i]$ 表示，相应地，其价值用 $v[i]$ 表示。问题的目标是将哪些物品装入背包可使这些物品的质量总和不超过背包容量，且价值总和最大。假设有一个背包，可以放置 80kg 的物品，此外，还有如表 7-1 所示的 6 件物品的质量和价值表。

怎样放置可以让背包里的物品价值总和尽可能多呢？当物品数量较少时，可以采用穷举法，但是当物品很多时，穷举就显得不太可能。例如，有 128 个物品，如果穷举大约有 $1.08×10^{23}$ 种方案，这时遗传算法的优势就显现出来了。

表 7-1 背包问题算例

物品	质量/kg	价值
1	10	15
2	15	25
3	20	35
4	25	45
5	30	55
6	35	70

下面介绍有 6 件物品的情况下的求解方法。

1）基因编码

一共 6 件物品，每件物品的有无都可以作为独立的一个基因片段，如表 7-2 所示。

表 7-2 基因片段编码

物品 1	物品 2	物品 3	物品 4	物品 5	物品 6	染色体
1	1	1	1	1	1	111111

表 7-2 中的编码一共是 6 位。假如只有物品 2、物品 3 和物品 6，则染色体是 011001。

2）设计初始群体

为了计算方便，设置初始群体为 4 个初始生物个体，随机产生。假设生成如下 4 个初始生物个体。

（1）100100，对应物品 1，物品 4 存在。

（2）101010，对应物品 1，物品 3，物品 5 存在。

（3）010101，对应物品 2，物品 4，物品 6 存在。

（4）101011，对应物品 1，物品 3，物品 5，物品 6 存在。

3）适应度计算

适应度计算首先要用一个适应度的函数来作标尺。

设计适应度的函数为物品总价值，那么 4 个个体各自适应度结果如下。

基因 100100=15+45=60。 基因 101010=15+35+55=105。

基因 010101=25+45+70=140。 基因 101011=15+35+55+70=175。

设计适应度的函数为物品总质量，那么 4 个个体各自适应度结果如下。

基因 100100=10+25=35。 基因 101010=10+20+30=60。

基因 010101=15+25+35=75。 基因 101011=10+20+30+35=95。

基因 101011 的质量已经超过了要求的 80kg 而直接被淘汰。

这样还剩下：基因 100100，适应函数为 60；基因 101010，适应函数为 105；基因 010101，适应函数为 140。

先把适应函数求和，60+105+140=305。根据适应度不同，每个个体得以延续的概率分别为：60/305、105/305、140/305。繁殖 4 次——这里推荐为每代个体的数量。假设这里遴选产生的结果是基因 101010 和基因 010101 各繁殖两次。

4）生产下一代

基因 101010 和基因 010101 在成功被遴选后，需要进行基因重组来产生下一代。计算过程如表 7-3 所示。

表 7-3　基因重组计算过程

个体	染色体	配对	交叉点位置	交叉结果
1	101010	1-2	3	101101
1	010101	2-1	3	010010
3	101010	3-4	4	101001
3	010101	4-3	4	010110

两个被遴选后的基因进行了基因重组，其中一对从第三位后面断开，尾部进行了交换；另一对从第四位后面断开，尾部进行了交换。这样又产生了 4 个不同的基因。一般来说，交叉点位置是可以随机选取的。两段不同的基因从中间断开后进行结合，上段的前半段和下段的后半段结合成为新的基因，而下段的前半段和上段的后半段结合成为新的基因。在基因重组之后是可以有一个基因突变的过程的，就是随机把一定比例的基因中的某一位或某几位做变化——1 变成 0，0 变成 1。这个过程建议还是取法一般的生物繁殖过程，让变异的基因比率低一些比较好，在这个例子中没有做变异。

5）迭代计算

下面就是一代代用这种准则做下去了，直接求质量和价值。基因 101101，质量为 90kg，价值（适应函数）为 165，直接淘汰。基因 010010，质量为 45kg，价值（适应函数）为

80。基因 101001，质量为 65kg，价值（适应函数）为 120。基因 010110，质量为 70kg，价值（适应函数）为 125。

在这里可以看到一个现象，总体的适应函数和为 80+120+125=325，比上一代的适应性更好，但是上一代有一个适应函数为 140 的"超强基因个体"，这一代却没有一个能够超越。

在一次完整的计算中，迭代过程可能会经历几十代甚至更久，如果发现出现了连续几代适应函数基本不增加，或者反而减少的情况，那么就说明函数已经收敛了。可以就此结束迭代操作，也可以再观察一代到两代的变化。收敛的速度会因很多因素而变化，如基因位的长度、基因重组时的方案、基因变异的程度、每代产生个体的数量等。一般发生适应函数收敛时就是迭代结束时，而在迭代结束前找到的最优的解就是我们需要的解。

2. 极大值问题

假设在空间里有一个函数 $z = y\sin(x) + x\cos(y)$，如图 7-3 所示。

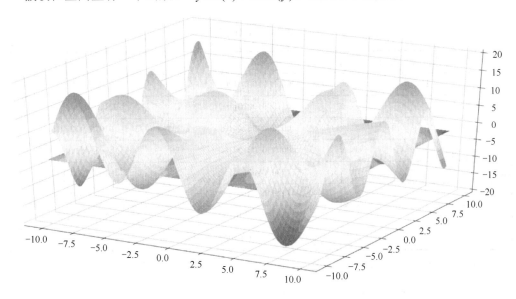

图 7-3　极大值问题

以这样的思路使用遗传算法：假设这是一个地区的地形图，在这个地区无规律地放置很多人，有的在谷底，有的在半山腰，有的可能在山顶或山顶附近。那么下面让他们一代代生生不息地繁殖，凡是能爬到更高处的人就可能更容易地繁殖下一代。

1）基因编码

这里 x 和 y 的取值范围为 $[-10.000, 10.000]$，我们需要将 x 和 y 映射到二进制数字上，首先定义 $F(x)$，x 是自变量，为二进制数字，首位为 0 代表正数，首位为 1 代表负数，函数值为对应的十进制数字。然后构造如下映射：

$$H(x) = \begin{cases} 10 \times \dfrac{F(x)+1}{16384}, & F(x) \geq 0 \\ 10 \times \dfrac{F(x)-1}{16384}, & F(x) \leq 0 \end{cases}$$

这个映射可以把 15 位二进制数映射到[-10，10]上，如

$(000000100100100)_2 = 292$，对应的 $10 \times \dfrac{F(x)+1}{16384} = 0.179$

$(111000100110110)_2 = -12598$，对应的 $10 \times \dfrac{F(x)-1}{16384} = -7.690$

2）设计初始群体

在刚刚设计的基因里有两条基因：一条是 X；另一条是 Y，这两条基因各有 15 个基因信息点，随机产生 8 组基因，如表 7-4 所示。

表 7-4　8 组基因

染色体	基因 X	基因 Y
1	000000100101001	101010101010101
2	011000100101100	001100110011001
3	001000100100101	101010101010101
4	000110100100100	110011001100110
5	100000100100101	101010101010101
6	101000100100100	111100001111000
7	101010100110100	101010101010101
8	100110101101000	000011110000111

3）适应度计算

使用 $z = y\sin(x) + x\cos(y)$ 即可，z 就是适应度。

4）产生下一代

在这个场景中，在每代都可以让 1 个染色体中的基因 X 和基因 Y 之间进行组合。如果染色体 1 和染色体 2 组合，如表 7-5 和表 7-6 所示。

表 7-5　组合

染色体	基因 X	基因 Y	组合
1	000000100101001	101010101010101	1-2
2	011000100101100	001100110011001	2-1

表 7-6 产生新的后代

后代基因	基因 X	基因 Y
后代 A	000000100101100	101010110011001
后代 B	011000100101001	001100101010101

由表 7-5 和表 7-6 可知，有以下几种情况。

后代 A：

染色体 1 的基因 X 的前 7 位和染色体 2 的基因 X 的后 8 位结合。

染色体 1 的基因 Y 的前 7 位和染色体 2 的基因 Y 的后 8 位结合。

后代 B：

染色体 2 的基因 X 的前 7 位和染色体 1 的基因 X 的后 8 位结合。

染色体 2 的基因 Y 的前 7 位和染色体 1 的基因 Y 的后 8 位结合。

如果是 8 组作为初始群体的大小，就有 28 种组合方式，而每种组合方式产生两个后代，那么实际上第一代以后就产生 56 个个体。这 56 个个体的适应度可以排序，只取排名前 8 的个体。这里同样可以允许一定的基因突变性，在 8 个已遴选的个体中，随机找到两个个体，让这两个个体中一个 x 染色体发生变异而让另一个 y 染色体发生变异。变异也是随机改变 x 染色体中的某一位，或者随机改变 y 染色体中的某一位。

这里注意以下两点。

（1）断开点的位置。理论上，断开点的位置是任意的，但是断开点靠左对数值影响变化大，自变量"跳跃"范围也就大；断开点靠右对数值影响变化小，自变量"跳跃"范围也就小。

（2）基因变异的位置。与断开点位置的影响是完全一样的，同样是变异点靠左自变量"跳跃"范围大，变异点靠右自变量"跳跃"范围小。

5）迭代计算

这里最后的收敛条件是计算每代的适应函数最大值并记录，判断最近 3 代的最大值如何变化。如果最近 3 代的适应函数最大值相比较，第一大（最大值）比第三大（最小值）增益小于 1%，那么就判断为收敛。

7.4 模拟退火

7.4.1 模拟退火算法简介

前面介绍的爬山算法，每次仅仅是选择当前的一个最优解，表现得十分目光短浅，因此往往陷入局部最优，只能寻找到局部的最优值。所以，爬山算法是完全的贪心法。这里介绍另一种贪心算法：模拟退火算法。它与爬山算法的明显不同是它在搜索过程中引入了随机因素。随机因素使得模拟退火算法能够在一定的概率下跳到不如当前解的解，这样就有可能跳出局部最优解，从而达到全局的最优解。如图 7-4 所示，模拟退火算法在寻找到局部最优解 A 点后，它会在一定的概率下接收到 E 点的移动。经过几次这样的移动，跳出局部最优的解，然后移动可能会到达 D 点，于是就跳出了局部最大值 A。

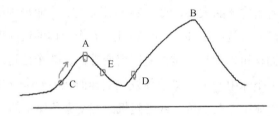

图 7-4　模拟退火示意图

模拟退火算法一般分为两个部分：一个是 Metropolis 算法；另一个是退火过程。Metropolis 算法就是如何在局部最优解的情况下让其跳出来，是退火的基础。1953 年 Metropolis 提出重要性采样方法，即以概率来接受新状态，而不是使用完全确定的规则，称为 Metropolis 准则，计算量较低。

假设开始状态在 A，随着迭代次数更新到 B 的局部最优解，这时发现更新到 B 时，能量比 A 要低，这说明接近最优解了，因此百分百转移，状态到达 B 后，发现下一步能量上升了，如果是梯度下降，那么是不允许继续向前的，而这里会以一定的概率跳出这个坑。这个概率与当前的状态、能量等都有关系，下面会详细介绍。如果 B 最终跳出来到达了 C，又会继续以一定的概率跳出来，可能有人会迷惑会不会跳回之前的 B 呢？下面进行解释，直到到达 D 后，就会稳定下来。所以说这个概率的设计是很重要的，下面从数学方面进行解释。

假设前一个状态为 $x(n)$，系统根据某一指标（梯度下降、上升的能量），状态变为 $x(n+1)$，相应地，系统的能量由 $E(n)$ 变为 $E(n+1)$，定义系统由 $x(n)$ 变为 $x(n+1)$ 的接受概率 P 为

$$P = \begin{cases} 1, E(n+1) < E(n) \\ e^{-\frac{E(n+1)-E(n)}{T}}, E(n+1) \geqslant E(n) \end{cases}$$

从上面的公式可以看到，如果能量减小了，就接受此次转移（也就是转移被接受的概率为 1）；如果转移后能量反而增大了，就可能使得系统偏离全局最优值更远。但是，我们并不是立即抛弃算法，而是对它进行一定的概率操作：首先我们产生一个均匀分布的随机数，在区间[0,1]；如果 P 满足阈值，那么此种转移接受；否则拒绝这次转移，直接进入下一步，不断地重复循环。其中，P 的大小是通过能量的变化量和 T 决定的，所以可以调节的参数就是 T，T 的值是动态的。

7.4.2 模拟退火参数控制

Metropolis 算法是模拟退火算法的基础，如果直接使用 Metropolis 算法可能会导致寻优速度太慢，以致无法实际使用。通常我们会设定控制算法收敛的参数，来确保算法的收敛时间。例如，7.4.1 节中的公式中的 T 就是可调节的参数，如果过大，就会导致退火太快，达到局部最优值就会结束迭代；如果取值较小，那么计算时间会增加。在实际应用中，采用退火温度表，在退火初期采用较大的 T 值，随着退火的进行，逐步降低，具体如下。

（1）对于 T 的初始化状态 $T(0)$，通常选择初始的温度足够高，这样的目的是使得算法接受所有的转移状态。$T(0)$ 越高，获得高质量的解的概率越大，相应地会耗费更长的时间。

（2）退火速率：最简单的下降方式是指数式下降。

$$T(n) = \lambda T(n), n = 1, 2, 3, \cdots$$

式中，λ 一般为小于 1 的正数，通常设置为 0.8~0.99。这样，能够使得每次温度变化，都有足够的机会转移。然而，使用指数式下降，会使得算法的收敛速度比较慢，其余下降方式如下。

$$T(n) = \frac{T(0)}{\log(1+t)}$$

$$T(n) = \frac{T(0)}{1+t}$$

（3）终止温度。如果在多次迭代中达到了没有可以更新的新状态或达到用户设置的阈值，退火就完成了。

7.4.3 模拟退火算法的步骤

模拟退火算法通常分解为 3 个部分，分别为解空间、目标函数及初始解。

（1）初始化：算法的开始首先要初始化温度 T，使 $T(0)$ 足够大；记算法迭代的起点，即初始解状态为 S；然后设置每个温度 T 的迭代次数为 L。

（2）记算法运行次数为 k，当 $k=1,2,\cdots,L$ 时，执行步骤（3）～（6）。

（3）通过以上步骤，算法产生新解，记为 S'。

（4）通过公式 $\Delta T=C(S')-C(S)$ 计算增量，其中 $C(S)$ 为采用的代价函数。

（5）如果得到 $\Delta T<0$，就接受 S' 作为当前解；否则接受 S' 作为新的当前解的概率为 $\exp(-\Delta T/T)$。

（6）如果得到的解满足终止条件，那么将输出当前解作为最优解，算法停止。这里，通常将终止条件设置为连续若干个新解都没有被接受时。

（7）T 逐渐减少，且 $T\to 0$，然后转步骤（2）。

产生和接受模拟退火算法的新解，通常经过如下 4 个步骤。

① 通过产生函数产生一个位于解空间的新解。为便于后续的计算和接受，减少算法花费的时间，通常是将当前新解通过简单的变化产生新解的方法，如对构成新解的全部或部分元素进行置换、互换等。值得注意的是，产生新解的变换方法决定了当前新解的邻域结构，从而对冷却方案的选择有一定的影响。

② 计算与新解所对应的目标函数差。由于目标函数差值仅由变换部分产生，因此目标函数差的计算最好按增量计算。对于大多数应用来说，这是计算目标函数差的最快方法。

③ 根据接受准则来判断这个新解是否值得被确定。在实验中，最常被运用的接受准则是 Metropolis 准则。其规则为：若 $\Delta T<0$，则接受 S' 作为新的当前解 S；否则，以概率 $e^{-\frac{\Delta T}{T}}$ 接受 S' 作为新的当前解 S。

④ 接受新解。如果新的解符合接受规则，那么接受新解。此时，用新解代替当前解，这个步骤的完成要将当前解与产生的新解对应的部分进行置换而予以实现，此外需要修正目标函数值。到此为止，当前解实现了一次迭代。然后，在这个基础上，开始下一次实验。相反，如果当前新解被淘汰时，那么在原来当前解的基础上进行接下来的实验。

7.5 粒子群算法

7.5.1 粒子群算法简介

粒子群算法（PSO）是一种群智能算法，它的来源是受鸟群捕食行为的启发。也就是说，在自然界中鸟群在某一区域寻找食物源，在那个区域只有一个食物源（可以理解为优化问题中的最优解）。鸟群为了找到食物，需要在整个区域搜索，它们一边搜索一边传递信息，让同伴知道自己的位置，避免在同一个地方重复搜索，也来传递自己是否已经找到了食物。当某只鸟找到了食物，则通过信息传递，使得整个鸟群都聚集过来，即优化问题中所说的最优解，也就是问题收敛。如图 7-5 所示，鸟儿在寻找过程中相互传递信息，让伙伴知道自己的位置。

图 7-5 鸟儿传递信息

7.5.2 粒子群算法的流程

受觅食的鸟群的启发，粒子群算法将用无质量的粒子来模拟这些鸟，这些粒子含有速度 V 和位置 X 两个属性。速度代表粒子移动的快慢，位置代表粒子移动的方向。当然，与鸟群中每只鸟一样，每个粒子在搜索空间中各自搜索最优解，并记当前个体搜索到的最优值为 P_{best}。粒子间会共享这些极值，将找到的个体极值中最优的那个作为当前全局的最优解 G_{best}。所以粒子会根据 P_{best} 和 G_{best} 来调整自己的速度和位置。

粒子群算法的思想较为简单，主要可以分为：初始化粒子群；评价粒子，即计算适应值；寻找个体极值 P_{best}；寻找全局最优解 G_{best}；修改粒子的速度和位置。

粒子群算法的流程如图 7-6 所示。

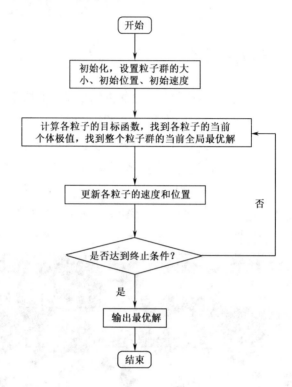

图 7-6　粒子群算法的流程

下面具体解释一下流程图中的每个步骤。

1. 初始化

在算法开始之前，需要设置一个速度区间，主要是为了防止粒子速度过快忽视了个体最优解。并且在速度区间和搜索空间上随机的初始化粒子的速度和每个粒子的相应的位置。当然，根据算法的需要及硬件的支持，我们需要设置合理的群体规模。

2. 寻找个体极值、全局最优解

每个粒子会根据自己的行走区域找到这些区域中的最优位置信息即为个体极值，然后每个粒子不断地搜索，不断地更新个体极值，直到所有的区域都被搜索后，比较所有的个体极值，选取最优的作为全局最优解。

3. 更新速度和位置的公式

更新公式为

$$V_{id} = \omega V_{id} + C_1 \text{random}(0,1)(P_{id} - X_{id}) + C_2 \text{random}(0,1)(P_{gd} - X_{id})$$

$$X_{id} = X_{id} + V_{id}$$

式中，ω 为惯性因子；C_1 和 C_2 均为加速常数，一般取 $C_1 = C_2 \in [0,4]$；$\text{random}(0,1)$ 为区间[0,1]上的随机数；P_{id} 为第 i 个变量的个体极值的第 d 维；P_{gd} 为全局最优解的第 d 维。

4. 算法终止

粒子群算法的常用的终止条件有两个：一是搜索达到了最大代数；二是相邻两代之间的偏差在一个指定的范围。

7.6 案例分析

实验准备：准备至少 4GB 内存的计算机，以便后续的安装软件和代码实现。计算机装有 IntelliJ IDEA 或 PyCharm 等其他编辑器。

7.6.1 粒子群算法案例

```python
#导入 PSO 算法所依赖的包
    import numpy as np
    import random
    import matplotlib.pyplot as plt
#创建一个 PSO 的类
    class PSO():
#创建一个方法对 PSO 的一些参数初始化
    def __init__(self, pN, dim, max_iter):
#设置权值
    self.w = 0.8
#设置学习因子 1、2
    self.c1 = 2
    self.c2 = 2
#r1、r2 主要是增加粒子飞行的随机性
```

```python
            self.r1 = 0.6
            self.r2 = 0.5
#设置粒子数量
            self.pN = pN
#设置搜索维度
            self.dim = dim
#设置迭代次数
            self.max_iter = max_iter
#设置所有粒子的位置和速度
            self.X = np.zeros((self.pN, self.dim))
            self.V = np.zeros((self.pN, self.dim))
#个体经历的最佳位置和全局最佳位置
            self.pbest = np.zeros((self.pN, self.dim))
            self.gbest = np.zeros((1, self.dim))
#每个个体的历史最佳适应值
            self.p_fit = np.zeros(self.pN)
#全局最佳适应值
            self.fit = 1e10
#创建目标函数 Sphere 函数
        def function(self, X):
            return X**4-2*X+3
#创建方法初始化种群
        def init_Population(self):
#因为要随机生成 pN 个数据,所以需要循环 pN 次
            for i in range(self.pN):
#每个维度都需要生成速度和位置,故循环 dim 次
                for j in range(self.dim):
                    self.X[i][j] = random.uniform(0, 1)
                    self.V[i][j] = random.uniform(0, 1)
#给 self.pbest 定值
                self.pbest[i] = self.X[i]
#得到现在最优
                tmp = self.function(self.X[i])
#这个个体历史最佳的位置
                self.p_fit[i] = tmp
#得到现在最优和历史最优比较大小,如果现在最优大于历史最优,那么更新历史最优
                if tmp < self.fit:
```

```
            self.fit = tmp
            self.gbest = self.X[i]
#创建一个方法来更新粒子位置
    def iterator(self):
        fitness = []
#迭代次数不是越多越好
        for t in range(self.max_iter):
#更新 gbest\pbest
            for i in range(self.pN):
                temp = self.function(self.X[i])
#更新个体最优
                if temp < self.p_fit[i]:
                    self.p_fit[i] = temp
                    self.pbest[i] = self.X[i]
#更新全局最优
                if self.p_fit[i] < self.fit:
                    self.gbest = self.X[i]
                    self.fit = self.p_fit[i]
#在第一层 for 循环中再做一次迭代，求 V 和 X
            for i in range(self.pN):
                self.V[i] = self.w * self.V[i] + self.c1 * self.r1 * (self.pbest[i] - self.X[i]) + \
                self.c2 * self.r2 * (self.gbest - self.X[i])
                self.X[i] = self.X[i] + self.V[i]
#然后添加到 fit 中
            fitness.append(self.fit)
#并打出最优值，然后返回结束
            print(self.X[0], end=" ")
            print(self.fit)
        return fitness
#写程序，把 PSO 进行传参数和初始化
my_pso = PSO(pN=30, dim=1, max_iter=100)
my_pso.init_Population()
fitness = my_pso.iterator()
#画图，创建窗口，并命名为 Figure1
plt.figure(1)
plt.title("Figure1")
#画 x 轴和 y 轴
```

```python
    plt.xlabel("iterators", size=14)
    plt.ylabel("fitness", size=14)
#把数据遍历并传给 t
    t = np.array([t for t in range(0, 100)])
#更新的粒子位置传给 fitness
    fitness = np.array(fitness)
#画图
    plt.plot(t, fitness, color='b', linewidth=3)
    plt.show()
```

粒子群算法的结果如图 7-7 所示。

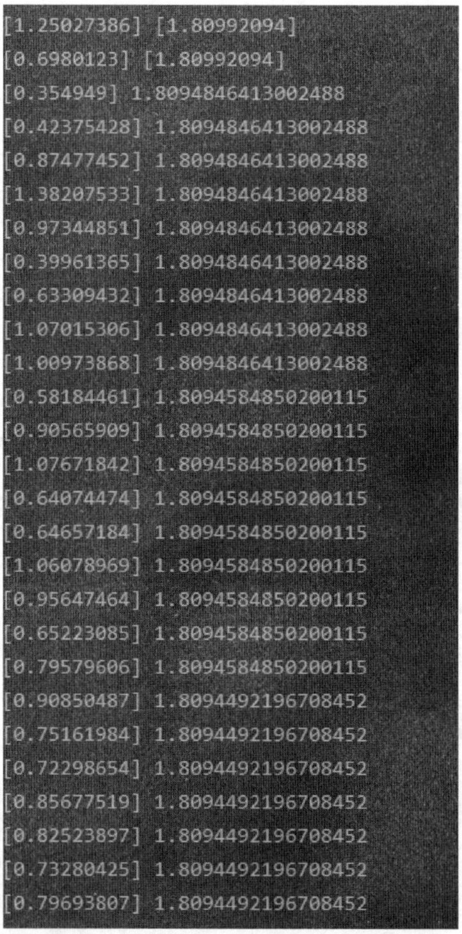

```
[1.25027386] [1.80992094]
[0.6980123]  [1.80992094]
[0.354949]   1.8094846413002488
[0.42375428] 1.8094846413002488
[0.87477452] 1.8094846413002488
[1.38207533] 1.8094846413002488
[0.97344851] 1.8094846413002488
[0.39961365] 1.8094846413002488
[0.63309432] 1.8094846413002488
[1.07015306] 1.8094846413002488
[1.00973868] 1.8094846413002488
[0.58184461] 1.8094584850200115
[0.90565909] 1.8094584850200115
[1.07671842] 1.8094584850200115
[0.64074474] 1.8094584850200115
[0.64657184] 1.8094584850200115
[1.06078969] 1.8094584850200115
[0.95647464] 1.8094584850200115
[0.65223085] 1.8094584850200115
[0.79579606] 1.8094584850200115
[0.90850487] 1.8094492196708452
[0.75161984] 1.8094492196708452
[0.72298654] 1.8094492196708452
[0.85677519] 1.8094492196708452
[0.82523897] 1.8094492196708452
[0.73280425] 1.8094492196708452
[0.79693807] 1.8094492196708452
```

图 7-7　粒子群算法的结果

粒子群算法的迭代次数如图 7-8 所示。

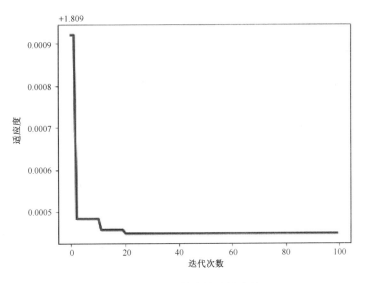

图 7-8　粒子群算法的迭代次数

7.6.2　爬山算法案例

```
#导入算法所依赖的包
    import numpy as np
    import matplotlib.pyplot as plt
    import math
#定义搜索步长
    DELTA = 0.01
#定义域 x 属于 5～8 闭区间
    BOUND = [5,8]
#随机抓取次数取 100 次
    GENERATION = 100
#定义数学公式
    def F(x):
        return math.sin(x*x)+2.0*math.cos(2.0*x)
```

定义爬山算法，从当前的节点开始，与周围的邻居节点的值进行比较。如果当前节点是最大的，那么返回当前节点，作为最大值（山峰最高点）；反之，就用最高的邻居节点替换当前节点，从而实现向山峰的高处攀爬的目的。如此循环直到达到最高点。

```
def hillClimbing(x):
    while F(x+DELTA)>F(x) and x+DELTA<=BOUND[1] and x+DELTA>=BOUND[0]:
        x = x+DELTA
    while F(x-DELTA)>F(x) and x-DELTA<=BOUND[1] and x-DELTA>=BOUND[0]:
        x = x-DELTA
```

```python
    return x,F(x)
#定义一个函数，找出最大值
    def findMax():
#定义一个放着第一个索引为0，第二个索引为-10的列表
        highest = [0,-10]
#对这100个数进行随机遍历
        for i in range(GENERATION):
#x生成的随机数分别为5~8。
            x = np.random.rand()*(BOUND[1]-BOUND[0])+BOUND[0]
#把x的值放到爬山算法中
            currentValue = hillClimbing(x)
#输出当前值(x, y)
            print('current value is :',currentValue)
#如果当前值中的y比-10大，那么highest将会被当前的值替代，随着遍历会得出最大值
            if currentValue[1] > highest[1]:
                highest[:] = currentValue
#遍历100次后，返回最大值
        return highest
#把最大值传给[x,y]
    [x,y] = findMax()
#输出最大值
    print('highest point is x :{},y:{}'.format(x,y))
```

爬山算法的结果如图7-9所示。

```
current value is : (5.770752542042359, 1.9892667431636628)
current value is : (7.998276075127183, -1.0084226984047908)
current value is : (7.176831466391987, 0.5166291877413326)
current value is : (5.201710211193122, -0.17839255568489198)
current value is : (7.6153275609081135, -0.7844284798938465)
current value is : (6.731672195777674, 2.2198414216475033)
current value is : (5.1976088645398155, -0.17802928682967223)
current value is : (5.195744292208913, -0.17841329843971976)
current value is : (6.728243928736618, 2.21863259043656)
current value is : (6.73621193004163, 2.2181707160817767)
current value is : (7.176885235829332, 0.5166684841019076)
current value is : (7.619090846833689, -0.7857083356810592)
current value is : (6.266488377306389, 2.998844216715447)
current value is : (5.77209635050609, 1.9889390625368875)
current value is : (5.7716653835198155, 1.9890699445413578)
current value is : (5.195122172660499, -0.17861825847091717)
current value is : (6.729145786676945, 2.219154907518415)
current value is : (5.7661172333359545, 1.9885700449491117)
current value is : (5.767642475788431, 1.9891132924471955)
current value is : (6.265841166330487, 2.998755050047413)
current value is : (6.736188856810694, 2.218188714812147)
highest point is x :6.266488377306389,y:2.9988844216715447
```

图7-9　爬山算法的结果

7.6.3 遗传算法案例

```python
#导入算法所依赖的包
import random
#设置物品的重量和价格
X={
    1:[10,15],
    2:[15,25],
    3:[20,35],
    4:[25,45],
    5:[30,55],
    6:[35,70]
}
#终止界限
FINISHED_LIMIT=5
#重量界限
WEIGHT_LIMIT=80
#染色体长度
CHROMOSOME_SIZE=6
#遴选次数
SELECT_NUMBER=4
max_last=0
diff_last=10000
#最优个体
BEST=['000000',[0,0]]
#收敛条件，判断退出
def is_finished(fitnesses):
    global max_last
    global diff_last

    max_current=0
    for v in fitnesses:
        if v[0]>max_current:
            max_current=v[0]

    diff=max_current-max_last
#连续两代适应度无变化时停止迭代
```

```python
        if diff<FINISHED_LIMIT and diff_last<FINISHED_LIMIT:
            return True
        else:
            diff_last=diff
            max_last=max_current
            return False
#随机生成染色体样态
    def randomChromosomeState():
        chromosome_state=''
#因为倾向于放置3个以上的物品,所以这里初始染色体样态选择0.6的概率为1,选择0.4的概率为0
        for i in range(CHROMOSOME_SIZE):
            if random.random()<0.6:
                chromosome_state+='1'
            else:
                chromosome_state+='0'
        return chromosome_state
#初始染色体样态
    def init():
        chromosome_states=[]
        for i in range(SELECT_NUMBER):
            chromosome_states.append(randomChromosomeState())
        return chromosome_states
#计算适应度
    def fitness(chromosome_states):
        fitnesses=[]
        for chromosome_state in chromosome_states:
            value_sum=0
            weight_sum=0
            for i,v in enumerate(chromosome_state):
                if int(v)==1:
                    weight_sum+=X[i+1][0]
                    value_sum+=X[i+1][1]
            fitnesses.append([value_sum,weight_sum])
        return fitnesses
#计算繁殖概率
    def possibility(fitnesses):
```

```python
        possibles=[]
        value_sum=0
        for fitness in fitnesses:
            value_sum+=fitness[0]
        for fitness in fitnesses:
            possibles.append(fitness[0]/value_sum)
        for i in range(1,len(possibles)):
            possibles[i]=possibles[i]+possibles[i-1]
        return possibles
#遴选繁殖个体
    def select(possible,possibles):
        for index in range(0,len(possibles)):
            if possible<possibles[index]:
                return index
#筛选
        def fiter(chromosome_states,fitnesses):
            global BEST
#质量大于80kg的被淘汰
        index=len(fitnesses)
        while index>=1:
            index-=1
            if fitnesses[index][1]>WEIGHT_LIMIT:
                chromosome_states.pop(index)
                fitnesses.pop(index)
            else:
                if fitnesses[index][0]>BEST[1][0]:
                    BEST[0]=chromosome_states[index]
                    BEST[1]=fitnesses[index]
#遴选
        select_index=[0]*len(chromosome_states)
        possibles=possibility(fitnesses)
        for i in range(SELECT_NUMBER):
            j=select(random.random(),possibles)
            select_index[j]+=1
        return select_index
#产生下一代
    def crossover(chromosome_states,select_index):
```

```python
        chromosome_states_new=[]
        index=len(chromosome_states)
         while index>=1:
            index-=1
            chromosome_state=chromosome_states.pop(index)
    for i in range(select_index[index]):
        chromosome_state_x=random.choice(chromosome_states)
        pos=random.choice(range(1,CHROMOSOME_SIZE-1))
        chromosome_states_new.append(chromosome_state[:pos]+chromosome_state_x[pos:])
            chromosome_states.insert(index,chromosome_state)
    return chromosome_states_new
#设置主方法
        if __name__=='__main__':
#初始群体
        chromosome_states=init()
        n=100
        while n>0:
        n-=1
#适应度计算
        fitnesses=fitness(chromosome_states)
         if is_finished(fitnesses):
            break
#遴选
        select_index=fiter(chromosome_states,fitnesses)
#产生下一代
        chromosome_states=crossover(chromosome_states,select_index)
#输出结果
        print(chromosome_states)
        print(fitnesses)
        print('BEST：',BEST
```

遗传算法的结果如图 7-10 所示。

```
['111110', '010110', '001110', '001110']
[[135, 75], [140, 80]]
['001110', '001110', '001110', '001110']
[[125, 70], [135, 75], [135, 75]]
BEST : ['110110', [140, 80]]
```

图 7-10　遗传算法的结果

遗传算法曲线图如图 7-11 所示。

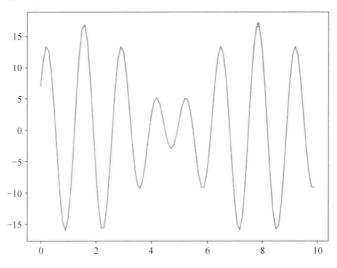

图 7-11 遗传算法曲线图

7.6.4 退火算法案例

```
#导入所依赖的包
    import matplotlib.pyplot as plt
    import math
    import random
#设置主方法
    def main():
#在主方法中初始最大温度
    plot_obj_func()
    T_init = 100
#设置降温系数
    alpha = 0.90
#设置最小温度,即退出循环条件
    T_min = 1e-3
#将最大温度赋值给 T
    T = T_init
#初始化 x,在 0 和 10 之间
    x = random.random() * 10
    y = 10 * math.sin(5 * x) + 7 * math.cos(4 * x)
#保存 x, y 的变量
```

```python
results = []
#做对比，得出最优解
while T > T_min:
    x_best = x
    y_best = y
    #用来标识该温度下是否有新值被接受
    flag = 0
    #每个温度迭代 50 次，找到最优解（在 while 中）
    for i in range(50):
        #自变量进行波动
        delta_x = random.random() - 0.5
        #自变量变化后仍要求在[0,10]之间
        if 0 < (x + delta_x) < 10:
            x_new = x + delta_x
        else:
            x_new = x - delta_x
        y_new = 10 * math.sin(5 * x_new) + 7 * math.cos(4 * x_new)
```

要接受这个 y_new 为当前温度下的理想值，就要满足 ①y_new>y_old 和 ②math.exp(-(y_old-y_new)/T)>random.random()

以上为找最大值，要找最小值就把 ">" 号变为 "<" 号。

```python
        if (y_new > y or math.exp(-(y - y_new) / T) > random.random()):
            #有新值被接受
            flag = 1
            x = x_new
            y = y_new
            if y > y_best:
                x_best = x
                y_best = y
        if flag:
            x = x_best
            y = y_best
    results.append((x, y))
    T *= alpha
#输出最优解
print('最优解 x:%f,y:%f' % results[-1])
plot_final_result(results)
#查看要处理的目标函数
```

```
def plot_obj_func():
    """y = 10 * math.sin(5 * x) + 7 * math.cos(4 * x)"""
    X1 = [i / float(10) for i in range(0, 100, 1)]
    Y1 = [10 * math.sin(5 * x) + 7 * math.cos(4 * x) for x in X1]
    plt.plot(X1, Y1)
    plt.show()
#最终的迭代变化曲线
def plot_iter_curve(results):
    X = [i for i in range(len(results))]
    Y = [results[i][1] for i in range(len(results))]
    plt.plot(X, Y)
    plt.show()
def plot_final_result(results):
    X1 = [i / float(10) for i in range(0, 100, 1)]
    Y1 = [10 * math.sin(5 * x) + 7 * math.cos(4 * x) for x in X1]
    plt.plot(X1, Y1)
    plt.scatter(results[-1][0], results[-1][1], c='r', s=10)
    plt.show()
#调用主函数
if __name__ == '__main__':
    main()
```

退火算法的结果如图 7-12 所示。

图 7-12 退火算法的结果

退火算法的曲线图如图 7-13 所示。

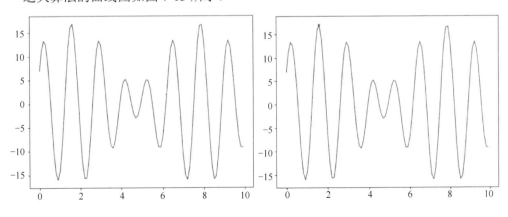

图 7-13 退火算法的曲线图

第 8 章 集成学习

本章学习目标

- 了解集成学习相关术语。
- 了解 Boosting 算法。
- 了解并行式集成学习，并掌握 AdaBoos 算法。
- 了解结合学习的常见策略。

本章介绍集成学习中的相关术语、相关算法，以及学习的策略。

8.1 集成学习的基本术语

8.1.1 集成学习的相关概念

在监督学习算法中，人们的目标是通过学习，获得一个在所有方面都表现良好的稳定模型，但是实际结果通常并不十分令人满意。有时，我们只能获得多个某些方面表现好的模型（弱监督模型）。集成学习（ensemble learning）通过结合多个弱监督模型，来获得更好、更全面的强监督模型。集成学习的基本思想是，即使某个弱分类器得到了错误的预测，其他弱分类器也可以纠正该错误。集成学习可以通过组合多个分类器来实现，并且通常可以获得比单个分类器更好的泛化性能。如图 8-1 所示，同一种类型的个体学习器（分类器）又称为基分类器。

集成学习大致可分为两大类：Bagging 和 Boosting。Bagging 一般使用强学习器，其个体学习器之间不存在强依赖关系，容易并行。Boosting 则使用弱分类器，其个体学习器之间存在强依赖关系，是一种序列化方法。

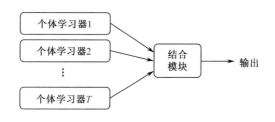

图 8-1 个体学习器

8.1.2 集成学习的分类

集成学习是一种将几种机器学习模型组合成一个模型的元算法（meta-algorithm），以减小方差（如 Bagging）、偏差（如 Boosting），或者改进预测（如 Stacking、Blending）。集成学习有以下几种类型，如图 8-2 所示。

（1）串行集成方法：多个模型顺序生成。此方法利用模型之间的依赖关系。算法可以通过提高被分错样本的权重来提高性能，具体参见 Boosting。

（2）并行集成方法：多个模型并行生成。此方法利用模型之间的独立性，因为可以通过平均来降低误差，具体参见 Bagging。

（3）树行集成方法：这种方法可分多层，每层可包括多种模型，下层的训练数据集为上一层的训练结果，类似于树，具体参见 Stacking、Blending。

图 8-2 集成学习的类型

集成学习（ensemble learning）具有较高的准确率，但是模型的训练过程可能比较复杂，效率不是很高。根据个体学习器的训练方式，目前集成学习方法主要分为两种：基于 Boosting 的和基于 Bagging 的。前者的代表算法有 AdaBoost、GBDT、XGBoosp 等；后者的代表算法主要是随机森林（random forest）。

8.2　Boosting 算法

Boosting 通过在训练新模型实例时更注重先前模型错误分类的实例,来增量构建集成模型。在某些情况下,Boosting 已被证明比 Bagging 可以得到更好的准确率,不过它也更倾向于对训练数据过拟合。

Boosting 算法的工作机制是先从训练集中用初始权重训练弱学习器 1,然后根据弱学习器的学习错误率情况更新训练样本的权重,使先前的弱学习器 1 学习错误率高的训练样本点的权重变得更高,这使得错误率高的这些点在以后的弱学习器 2 中得到更多的关注。然后在调整权重后,根据训练集训练弱学习器 2。重复此过程,直到弱学习器的数量达到预定数量 T。最后,通过集合策略对 T 个弱学习器进行整合,以获得最终的强学习器,如图 8-3 所示。

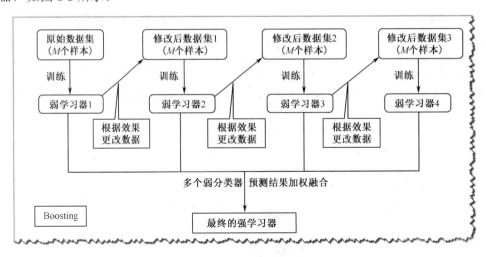

图 8-3　最终的强学习器

Boosting 的训练步骤如下。

(1) 每次都根据上次训练得到的模型结果,调整数据集样本分布,然后再生成下一个模型。

(2) 直到生成 M 个模型。

(3) 根据 M 个模型的结果集成得到最终的结果。

Boosting 并非是一个方法,而是一类方法。这里按照损失函数的不同,将其细分为若干类算法。图 8-4 所示为 4 种不同损失函数对应的 Boosting 方法。

名称（name）	损失函数（loss）	导数（derivative）	目标函数 f^*	算法
平方损失（squared error）	$\frac{1}{2}(y^{(i)} - f(x^{(i)}))^2$	$y^{(i)} - f(x^{(i)})$	$E[y \mid x^{(i)}]$	L2Boosting
绝对损失（absolute error）	$\lvert y^{(i)} - f(x^{(i)}) \rvert$	$\mathrm{sgn}(y^{(i)} - f(x^{(i)}))$	$\mathrm{median}(y \mid x^{(i)})$	Gradient Boosting
指数损失（exponential loss）	$\exp(-\tilde{y}^{(i)} f(x^{(i)}))$	$-\tilde{y}^{(i)} \exp(-\tilde{y}^{(i)} f(x^{(i)}))$	$\frac{1}{2}\lg \frac{\pi_i}{1-\pi_i}$	AdaBoost
对数损失（log loss）	$\lg\left[1+\exp\left(-\tilde{y}^{(i)} f_i\right)\right]$	$y^{(i)} - \pi_i$	$\frac{1}{2}\lg \frac{\pi_i}{1-\pi_i}$	LogitBoost

图 8-4 4 种不同损失函数对应的 Boosting 方法表图

8.3 AdaBoost 算法

集成学习中最著名的是 AdaBoost 算法。AdaBoost 是英语中的"自适应增强"的缩写，是 Yoav Freund 和 Robert Schapire 提出的一种机器学习方法。AdaBoost 算法的适应性基于以下几点：被前一个分类器错误分类的训练样本用于训练下一个分类器。AdaBoost 算法对噪声数据和异常数据敏感。但是，在某些问题上，与大多数其他学习算法相比，AdaBoost 算法不容易过拟合。AdaBoost 算法中使用的分类器可能较弱（如较大的错误率），但只要其分类效果比随机性好（如两种类型的问题的分类错误率略小于 0.5），则其就具有改善最终模型的能力。具有比随机分类器更高的错误率的弱分类器也是有用的，因为在多个分类器的最终线性组合中，可以为它们分配负系数，这也可以改善分类效果。如图 8-5 所示。

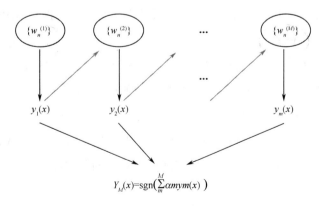

图 8-5 AdaBoost 算法训练 M 个分类器

1. AdaBoost算法概述

用 x_i 和 y_i 表示原始样本集 D 的样本点和它们的类标；用 $W_k(i)$ 表示第 k 次迭代时全体样本的权重分布，$h_k(x^j)$ 为分类器，这样就有如下的 AdaBoost 算法。

输入：$D = \{(x_1, y_1), (x_2, y_2), \cdots, (x_m, y_m)\}$，$k_{\max}$（最大循环次数），$W_k(i) = \dfrac{1}{n}, i = 1, \cdots, n$

输出：C_k 和 α_k

1. $k \leftarrow 0$
2. do $k \leftarrow k+1$
3. 训练使用按照 $W_k(i)$ 采样的样本集 D 的弱学习器 C_k
4. $E_k \leftarrow$ 对使用 $W_k(i)$ 的样本集 D 测量的 C_k 的训练误差
5. $\alpha_k \leftarrow \dfrac{1}{2}\ln\dfrac{1-E_k}{E_k}$
6. $W_{k+1}(i) \leftarrow \dfrac{W_k(i)}{Z_k} \times \begin{cases} e^{-\alpha_k}, & \text{if } h_k(x^i) = y_i \\ e^{\alpha_k}, & \text{if } h_k(x^i) \neq y_i \end{cases}$
7. until $k = k_{\max}$
8. return C_k 和 $\alpha_k, k = 1, \cdots, k_{\max}$（带权分类器的总体）
9. end

---

2. AdaBoost算法的优缺点

任何一种算法都不是十全十美的，都有它的优点和缺点。AdaBoost 算法具有以下优点。

（1）AdaBoost 提供了一个框架，可以在其中使用各种方法来构造子分类器。可以使用简单的弱分类器而无须进行特征筛选。

（2）AdaBoost 算法不需要弱分类器的先验知识，而最终得到的强分类器的分类精度取决于所有弱分类器。无论是将其应用于合成数据还是真实数据，AdaBoost 算法都可以显著提高学习准确率。

（3）AdaBoost 算法在相同的训练样本集上训练不同的弱分类器，并按照一定的方法收集这些弱分类器，构造出具有较强分类能力的强分类器。

AdaBoost 算法的缺点也很明显。在 AdaBoost 训练过程中，AdaBoost 将按指数增加难以分类的样本的权重。训练将过于偏向于此类困难的样本，从而使 AdaBoost 算法容易受到噪声干扰。另外，AdaBoost 非常依赖弱分类器，弱分类器的训练时间通常很长。

8.4　Bagging 算法

为了获得具有强大泛化性能的集成，集成中的各个学习器应尽可能彼此独立，即各个学习器之间的差距应尽可能大。给定训练样本集，一种方法是使用训练样本生成几个不同的子集，然后从每个数据子集中训练基础学习器。这样，由于训练样本不同，因此获得的基础学习器也将不同。但是，为了获得集成，我们还希望基础学习器的表现不能太差。如果采样的每个子集完全不同，则每个基础学习器仅使用原始训练数据的一小部分，这不足以进行有效学习，当然，也不能确保产生出更好的基础学习者。为了解决这个问题，我们考虑使用 Bagging 算法。

1. Bagging 简介

Bagging 指的是一种名为 Bootstrap Aggregating（自助聚合）的技术。其实质是选取 T 个 Bootstrap 样本，在每个样本安装一个分类器，然后并行训练模型。通常，在随机森林中，决策树是并行训练的。将所有分类器的结果平均化，得到一个 Bagging 分类器。

Bagging 算法，又称为装袋算法，是一种机器学习领域的团体学习算法。它最初是由 LeoBreiman 在 1996 年提出的。Bagging 算法可以与其他分类和回归算法结合使用，以提高其准确性和稳定性，同时减小结果的方差，以避免发生过拟合。

2. 算法原理

Bagging 的算法原理不同于 Boosting。它的弱学习器没有依赖性，可以并行生成。通过随机抽样获得单个 Bagging 弱学习器的训练集。通过进行 T 次随机采样，可以得到 T 个采样集。对于这些 T 个样本集，我们可以独立地训练 T 个弱学习器，然后对这 T 个弱学习器使用集合策略来获得最终的强学习器。它的基本思想是：给定较弱的学习算法和训练集，单个弱学习算法的精度不高，因此需要多次使用学习算法以获得预测函数序列并进行投票，最终提高了所得结果的准确率，如图 8-6 所示。

3. 算法步骤

给定一个大小为 n 的训练集 D，Bagging 算法从中均匀、有放回地（使用自助抽样法）选出 m 个大小为 n' 的子集 D_i，作为新的训练集。在这 m 个训练集上使用分类、回归等算法，则可得到 m 个模型，再通过取平均值、取多数票等方法，即可得到 Bagging 的结果。

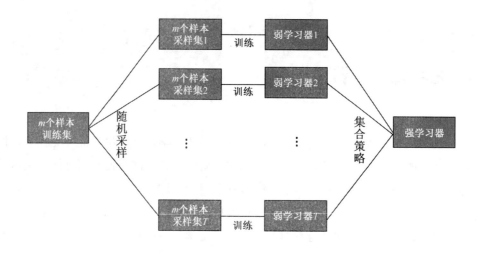

图 8-6　算法原理

4. 总结

结束本小节之前，让我们对这两种方法进行对比，以便更好地理解它们。Boosting 和 Bagging 之间仍然存在一些差异。在样本选择中，Bagging 算法是有放回地从原始集中选择训练集，并且所选择的训练集彼此独立；而 Boosting 算法是每轮训练集不变，只是分类器中的训练集的每个样例的权重发生变化，权重则根据上一轮的分类结果进行调整。

Bagging：使用均匀采样，每个样例权重相等。Boosting：根据错误率不断调整样例的权重。错误率越大权重越大。在预测函数中，Bagging 中的所有预测函数的权重均相等；Boosting 中的每个弱分类器具有相应的权重，分类误差小的分类器将具有较大的权重。

这两种方法都是将多个分类器集成到一个分类器中的方法，但是集成方法并不相同，最终结果是不同的。将不同的分类算法放入这种算法框架在一定程度上改进了原始单个分类器的分类效果，但同时也增加了计算量。通过将决策树与以下算法框架结合而获得的新算法有：Bagging +决策树=随机森林，AdaBoost +决策树= Boosting 树，Gradient Boosting +决策树= GBDT。

8.5　随机森林

随机森林（Random Forest，RF）是 Bagging 的扩展。RF 在将决策树作为基础学习器来构造 Bagging 集成的基础上，进一步将随机属性选择添加到决策树的训练中。具体地，传统的决策树是从当前节点的属性集中选择一个最优属性（假设有 d 个属性）。而在 RF

中，对于基本决策树的每个节点，从一个节点开始，从该节点的属性集中随机选择 k 个属性构成子集，然后从该子集中选择一个属性进行划分。这里的参数 k 控制随机性：如果 $k=d$，那么基础决策树的构造与传统决策树相同；如果 $k=1$，那么随机选择一个属性进行划分。通常，推荐值 $k=\log_2 d$。

随机森林简单、易于实现，且计算开销低。随机森林的训练效率通常比 Bagging 更好，因为在构建单个决策树的过程中，Bagging 使用"确定型"决策树。选择分区属性时必须考虑节点的所有属性，而随机森林使用"随机型"决策树只需检查属性的子集。

决策树具有许多优点：①易于理解和解释，人们可以轻松理解决策树的含义；②只需很少的数据即可，而其他技术通常需要数据标准化；③可以处理数值和类别两种数据，其他技术通常只能处理一种类型的数据，如关联规则只能处理分类数据，而神经网络只能处理数值数据；④使用白盒模型，通过模型的结构可以轻松地解释输出结果，而神经网络是一个黑匣子模型，很难解释输出结果；⑤可以通过测试集验证模型的性能，可以考虑模型的稳定性；⑥强健控制，对噪声处理有好的强健性；⑦可以很好地处理大规模数据。

随机森林的缺点也很明显，即随机森林算法在训练和预测时都比较慢。如果需要区分的类别十分多，随机森林的表现并不会很好。总体来说，随机森林在很多任务上一般要比提升方法的精度差，并且运行时间也更长。

8.6 结合策略

结合策略会带来 3 个方面的好处。第一，从统计方面，降低因单一学习器误选导致的泛化性能不佳的风险；第二，从计算方面，降低陷入糟糕局部极小点的风险；第三，从表示方面，扩大假设空间，可以学得更好的近似。

1. 平均法

平均法常用的结合策略有简单平均法、加权平均法，要求权重非负且和为 1。通常，当各个学习器的表现差异很大时，将使用加权平均法；而当学习器的表现相似时，将使用简单平均法。简单平均法是加权平均法的特殊情况。在 20 世纪 50 年代，加权平均法被广泛使用。Perrone 和 Cooper 正式将其用于集成学习。集成学习中的各种组合方法实际上可以视为其特例或它的变体。实际上，加权平均法可以看作是集成学习研究的基本出发点。

（1）简单平均法：

$$H(x) = \frac{1}{T}\sum_{1}^{T} h_i(x)$$

式中，$h_i(x)$ 为个体学习器，$i=1,2,\cdots,T$。

（2）加权平均法：

$$H(x) = \sum_{i=1}^{T} w_i h_i(x)$$

式中，$h_i(x)$ 为个体学习器，$i=1,2,\cdots,T$。$w_i \geq 0$，$\sum_{i=1}^{T} w_i = 1$。

2. 投票法

投票法分为绝对多数投票法、相对多数投票法和加权投票法。绝对多数投票法即若某标记得票过半，则预测为该标记；否则拒绝预测。相对多数投票法（在可靠性要求较高的学习任务中很有效）即预测为得票最多的标记，若同时有多个标记获得最高票，则从中随机选取一个。加权投票法即要求权重非负且和为 1 不同类型个体学习器可能产生不同类型的输出值：使用类标记的投票称为"硬投票"；使用类概率的投票称为"软投票"，相当于对后验概率的一个估计。注意，基学习器类型不同，其类概率值不能直接进行比较，通常将类概率输出转化为类标记输出（例如，将类概率输出最大设置为 1，其他设置为 0），然后再投票。

（1）绝对多数投票法：

$$H(x) = \begin{cases} c_j, & \sum_{i=1}^{T} h_i^j(x) > 0.5 \sum_{k=1}^{N} \sum_{i=1}^{T} h_i^k(x) \\ \text{reject}, & \text{其他} \end{cases}$$

（2）相对多数投票法：

$$H(x) = c_{\arg\max_j \sum_{i=1}^{T} h_i^j(x)}$$

3. 学习法

当训练数据非常大时，一种更强大的组合策略是使用学习方法，即通过另一个学习器进行组合。Stacking 是学习法的典型代表。在这里，我们将个体学习器称为初级学习器，用于组合的学习器称为次级学习器或元学习器。

Stacking 首先从初始数据集中训练初级学习器，然后"生成"新数据集以训练次级学习器。在训练阶段，由初级学习器生成次级训练集。若将初级训练集直接用于生成次级训练集，则存在过拟合的风险。因此，通常采用交叉验证或留一法使用未被初级学习器用过的样本来生成次级学习器的训练样本。Stacking 算法如下。

输入：训练集 $D=\{(x_1,y_1),(x_2,y_2),\cdots,(x_m,y_m)\}$；

　　　　初级学习算法 $\vartheta_1,\vartheta_2,\cdots,\vartheta_T$；

　　　　次级学习算法 ϑ

输出：$H(x)=h'(h_1(x),h_2(x),\cdots,h_t(x))$

---

1. for $t=1,2,\cdots,T$ do
2. 　$h_t=\vartheta_t(D)$;
3. end for
4. $D'=\varnothing$;　　　　　　//生成次级训练集
5. for $i=1,2,\cdots,m$ do
6. 　for $t=1,2,\cdots,T$ do
7. 　　$z_{it}=h_t(x_i)$
8. 　end for
9. 　$D'=D'\cup((z_{i1},z_{i2},\cdots,z_{iT}),y_i)$
10. end for
11. $h'=\vartheta(D')$　　　　　　//在 D' 上用次级学习算法 ϑ 产生次级学习器 h'

8.7 集成学习案例

8.7.1 随机森林案例

步骤 1：实验数据的下载。

这里给出一个完整的例子，使用 scikit-learn 来进行鸢尾花的分类。数据可直接使用现有的数据源，如图 8-7 所示。

步骤 2：库的检测与安装。

通过 import 命令导入所依赖的库，代码如下。

```
import numpy as np
import matplotlib.pyplot as plt
import matplotlib as mpl
from sklearn.ensemble import RandomForestClassifier
```

如果此时使用的数据源中出现某个库的下方有红色波浪线，表明当前环境下缺少实验所需的依赖库，可以通过 pip 或 conda 进行安装。

```
5.1,3.5,1.4,0.2,Iris-setosa
4.9,3.0,1.4,0.2,Iris-setosa
4.7,3.2,1.3,0.2,Iris-setosa
4.6,3.1,1.5,0.2,Iris-setosa
5.0,3.6,1.4,0.2,Iris-setosa
5.4,3.9,1.7,0.4,Iris-setosa
4.6,3.4,1.4,0.3,Iris-setosa
5.0,3.4,1.5,0.2,Iris-setosa
4.4,2.9,1.4,0.2,Iris-setosa
4.9,3.1,1.5,0.1,Iris-setosa
5.4,3.7,1.5,0.2,Iris-setosa
4.8,3.4,1.6,0.2,Iris-setosa
4.8,3.0,1.4,0.1,Iris-setosa
4.3,3.0,1.1,0.1,Iris-setosa
5.8,4.0,1.2,0.2,Iris-setosa
5.7,4.4,1.5,0.4,Iris-setosa
5.4,3.9,1.3,0.4,Iris-setosa
5.1,3.5,1.4,0.3,Iris-setosa
5.7,3.8,1.7,0.3,Iris-setosa
5.1,3.8,1.5,0.3,Iris-setosa
5.4,3.4,1.7,0.2,Iris-setosa
5.1,3.7,1.5,0.4,Iris-setosa
4.6,3.6,1.0,0.2,Iris-setosa
5.1,3.3,1.7,0.5,Iris-setosa
4.8,3.4,1.9,0.2,Iris-setosa
5.0,3.0,1.6,0.2,Iris-setosa
5.0 3.4 1.6 0.4 Iris-setosa
```

图 8-7 数据可视化

步骤 3：数据准备。

原数据为 5 维的数据，共 150 个样本，前 4 维是每个样本的特征，最后一维是类别，是字符串数据，这里需要将花朵类别替换为数值型，定义如下。

```
def iris_type(s):
    it = {b'Iris-setosa': 0, b'Iris-versicolor': 1, b'Iris-virginica': 2}
    return it[s]
```

分别用 0、1、2 代替"Iris-setosa""Iris-versicolor""Iris-virginica"3 种类别。需要注意的是，再读入字符串数据时，需要在字符串前加"b"，表示 bytes。

步骤 4：图像参数设置。

对图像中的特征进行声明，配置图像中的中文显示，代码如下。

```
# 'sepal length', 'sepal width', 'petal length', 'petal width'
iris_feature = u'花萼长度', u'花萼宽度', u'花瓣长度', u'花瓣宽度'

#设置字体为 SimHei 显示中文
mpl.rcParams['font.sans-serif'] = [u'SimHei']
#设置正常显示字符
mpl.rcParams['axes.unicode_minus'] = False
```

步骤 5：数据加载。

使用 numpy 中的 loadtxt()函数读入数据，以分隔符","读取，通过 converter 将各类花映射成数字类别，然后将花的特征数据与标签数据切分。

```
#设置字体为 SimHei 显示中文
mpl.rcParams['font.sans-serif'] = [u'SimHei']
#设置正常显示字符
mpl.rcParams['axes.unicode_minus'] = False
# 数据文件路径
path = 'D:\data\\10.iris.data'
#数据预处理
data = np.loadtxt(path, dtype=float, delimiter=',', converters={4: iris_type})
print(data.shape)
  #数据切分
x_prime, y = np.split(data, (4,), axis=1)
```

步骤6：数据准备。

本实验中，通过对不同的列向量进行交叉组合成新的特征，分别进行分类，并比较最终的分类效果。

```
# 不同的列交叉组合成不同的特征
feature_pairs = [[0, 1], [0, 2], [0, 3], [1, 2], [1, 3], [2, 3]]
for i, pair in enumerate(feature_pairs):
# 准备数据
x = x_prime[:, pair]
```

步骤7：模型拟合。

调用 Sklearn 库中的随机森林的函数 RandomForestClassifier，并配置函数的参数，然后导入数据进行拟合。

```
#n_estimators 表示子模型的数量
#criterion 表示特征选择标准
#max_depth 最大深度
clf = RandomForestClassifier(n_estimators=200, criterion='entropy', max_depth=3)
#模型拟合
rf_clf = clf.fit(x, y.ravel())
```

通过调用 help 命令来查看 RandomForestClassifier 的参数和使用，如图8-8所示。

这里主要掌握 n_estimators 及 max_features 的功能。其中，n_estimators：森林中树的数量，初始越多越好，但是会增加训练时间，到达一定数量后模型的表现不会再有显著的提升。max_features：各个基础学习器进行切分时随机挑选的特征子集中的特征数目，数目越小模型整体的方差会越小，但是单模型的偏差也会上升，通常处理回归问题时设置的 max_features 为整体特征数目，而分类问题则设为整体特征数目开方的结果。

```
Parameters
----------
n_estimators : integer, optional (default=10)
    The number of trees in the forest.

    .. versionchanged:: 0.20
       The default value of ``n_estimators`` will change from 10 in
       version 0.20 to 100 in version 0.22.

criterion : string, optional (default="gini")
    The function to measure the quality of a split. Supported criteria are
    "gini" for the Gini impurity and "entropy" for the information gain.
    Note: this parameter is tree-specific.

max_depth : integer or None, optional (default=None)
    The maximum depth of the tree. If None, then nodes are expanded until
    all leaves are pure or until all leaves contain less than
    min_samples_split samples.

min_samples_split : int, float, optional (default=2)
    The minimum number of samples required to split an internal node:

    - If int, then consider `min_samples_split` as the minimum number.
    - If float, then `min_samples_split` is a fraction and
      `ceil(min_samples_split * n_samples)` are the minimum
      number of samples for each split.
```

图 8-8　查看 RandomForestClassifier 的参数

步骤 8：子图格式设置。

配置子图的网格，生成网格点，代码如下。

```
N, M = 50, 50  # 横纵各采样多少个值
x1_min, x1_max = x[:, 0].min(), x[:, 0].max()  # 第 0 列的范围
x2_min, x2_max = x[:, 1].min(), x[:, 1].max()  # 第 1 列的范围
t1 = np.linspace(x1_min, x1_max, N)
t2 = np.linspace(x2_min, x2_max, M)
x1, x2 = np.meshgrid(t1, t2)  # 生成网格采样点
x_test = np.stack((x1.flat, x2.flat), axis=1)  # 测试点
```

步骤 9：结果评估。

选取不同的特征组合，对不同的组合特征使用拟合的模型进行分类，得到相应的分类精度，并打印出来进行对比。

```
y_hat = rf_clf.predict(x)
y = y.reshape(-1)
c = np.count_nonzero(y_hat == y)  # 统计预测正确的个数
print('特征：  ', iris_feature[pair[0]], ' + ', iris_feature[pair[1]],
print(
    '\t 预测正确数目：', c),
print(
    '\t 准确率: %.2f%%' % (100 * float(c) / float(len(y)))))
```

随机森林对鸢尾花数据的分类准确率结果如图 8-9 所示。

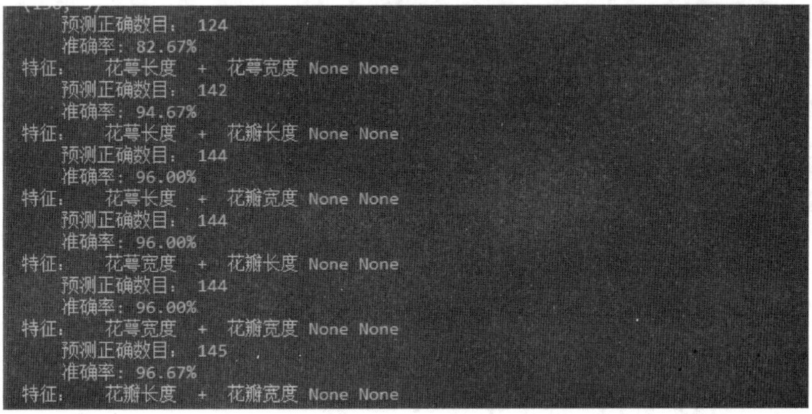

```
预测正确数目: 124
准确率: 82.67%
特征: 花萼长度  +  花萼宽度  None None
预测正确数目: 142
准确率: 94.67%
特征: 花萼长度  +  花瓣长度  None None
预测正确数目: 144
准确率: 96.00%
特征: 花萼长度  +  花瓣宽度  None None
预测正确数目: 144
准确率: 96.00%
特征: 花萼宽度  +  花瓣长度  None None
预测正确数目: 144
准确率: 96.00%
特征: 花萼宽度  +  花瓣宽度  None None
预测正确数目: 145
准确率: 96.67%
特征: 花瓣长度  +  花瓣宽度  None None
```

图 8-9　随机森林对鸢尾花数据的分类准确率结果

步骤 10：子图展示。

调整网格点的结果输出格式，将测试的分类涂色的测试点放入到每个子图，然后将所有的子图进行组合，并贴上相应的 label，形成最终分类对比图。

```python
#每个子图的处理
cm_light = mpl.colors.ListedColormap(['#A0FFA0', '#FFA0A0', '#A0A0FF'])
cm_dark = mpl.colors.ListedColormap(['g', 'r', 'b'])
y_hat = rf_clf.predict(x_test)  # 预测值
y_hat = y_hat.reshape(x1.shape)  # 使之与输入的形状相同
plt.subplot(2, 3, i + 1)
plt.pcolormesh(x1, x2, y_hat, cmap=cm_light)  # 预测值
plt.scatter(x[:, 0], x[:, 1], c=y, edgecolors='k', cmap=cm_dark)  # 样本
plt.xlabel(iris_feature[pair[0]], fontsize=14)
plt.ylabel(iris_feature[pair[1]], fontsize=14)
plt.xlim(x1_min, x1_max)
plt.ylim(x2_min, x2_max)
plt.grid()
#综合的图的格式设置
plt.tight_layout(2.5)
plt.subplots_adjust(top=0.92)
plt.suptitle(u'随机森林对鸢尾花数据的两特征组合的分类结果', fontsize=18)
plt.show())
```

随机森林对鸢尾花数据的两特征组合的分类结果如图 8-10 所示。

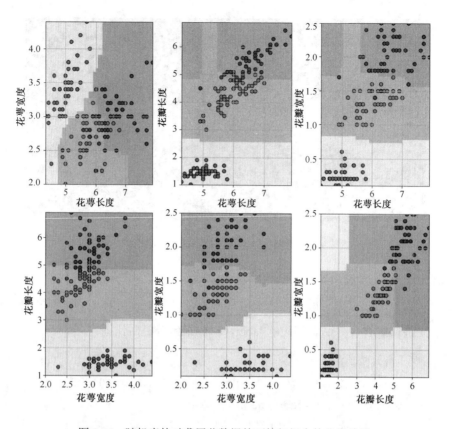

图 8-10　随机森林对鸢尾花数据的两特征组合的分类结果

8.7.2　AdaBoost 案例

本实验所用的是马的疝气病的数据,分为两个文档:训练文档和测试文档。该数据共 299 行,每行为 1 个样本,每个样本包含 21 个属性。实验数据可以使用本地的数据源,数据的结构如图 8-11 所示。

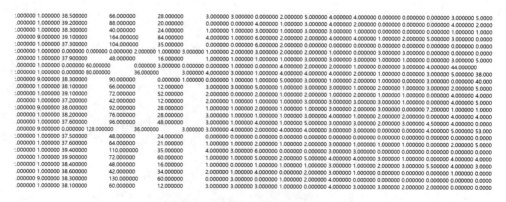

图 8-11　马的疝气病的数据的结构

步骤 1：构造数据读取的函数。

通过间隔符"/t"来分割数据集，返回值的格式设定为 np.array 或 np.matrix，可以通过 shape 属性来导出数据的行列数。

```python
def load_data_set(file_name):
    num_feat = len(open(file_name).readline().split('\t'))
    data_arr = []
    label_arr = []
    fr = open(file_name)
    for line in fr.readlines():
        line_arr = []
        cur_line = line.strip().split('\t')
        for i in range(num_feat - 1):
            line_arr.append(float(cur_line[i]))
        data_arr.append(line_arr)
        label_arr.append(float(cur_line[-1]))
    return np.matrix(data_arr), label_arr
```

步骤 2：设置单层分类器。

将数据集按照 feature 列的 value 进行二分法切分比较来赋值分类。

```python
def stump_classify(data_mat, dimen, thresh_val, thresh_ineq):
    ret_array = np.ones((np.shape(data_mat)[0], 1))
    # data_mat[:, dimen] 表示数据集中第 dimen 列的所有值
    # thresh_ineq == 'lt'表示修改左边的值，gt 表示修改右边的值
    if thresh_ineq == 'lt':
        ret_array[data_mat[:, dimen] <= thresh_val] = -1.0
    else:
        ret_array[data_mat[:, dimen] > thresh_val] = -1.0
    return ret_array
```

步骤 3：构建决策树。

首先初始化训练的步长，以及存放决策树信息的字典，然后加入上一步中构建的分类器，并将数据进行遍历分类，得到分类结果后计算误差矩阵，再用误差矩阵乘以权重矩阵得到当前的训练误差，并与最初设定的初始化最小误差进行比较，如果小于 min_err，将 min_err 的值更新为当前的误差值，最终返回树桩信息、误差及分类结果。其具体操作如下：

```python
def build_stump(data_arr, class_labels, D):
    data_mat = np.mat(data_arr)
    label_mat = np.mat(class_labels).T
```

```python
#m 为样本数，n 为特征数
m, n = np.shape(data_mat)
#初始化步数
num_steps = 10.0
#用字典的形式来储存树桩信息
best_stump = {}
#放置分类结果，此处初始化分类结果为1
best_class_est = np.mat(np.zeros((m, 1)))
# 最小误差初始化为无穷大
min_err = np.inf

#对所有特征进行遍历
for i in range(n):
    #找到特征中的最小值
    range_min = data_mat[:, i].min()
    # 找到特征中的最大值
    range_max = data_mat[:, i].max()
    #计算步长
    step_size = (range_max - range_min) / num_steps
    #对初始步数循环计算
    for j in range(-1, int(num_steps) + 1):
        #遍历树的左右两边，计算树左右颠倒的错误率的情况
        for inequal in ['lt', 'gt']:
            #计算分类器中的阈值 thresh_val
            thresh_val = (range_min + float(j) * step_size)
            #计算分类结果
            predicted_vals = stump_classify(data_mat, i, thresh_val, inequal)
            #初始化误差矩阵
            err_arr = np.mat(np.ones((m, 1)))
            #分类正确赋值为0
            err_arr[predicted_vals == label_mat] = 0
            # 计算误差，表示整体结果的错误率，这里是矩阵乘法
            weighted_err = D.T * err_arr
            #判断是否更新，找到最小误差的分类方式
            if weighted_err < min_err:
                min_err = weighted_err
                best_class_est = predicted_vals.copy() #预测的最优结果 （与 class_labels 对应）
```

```
            #把 dimen, thresh_val, thresh_ineq 放入树桩中
            best_stump['dim'] = i
            best_stump['thresh'] = thresh_val
            best_stump['ineq'] = inequal
    # best_stump 表示分类器的结果，在第几个列上，用大于 / 小于比较，阈值是多少 (单个弱分类器)
    return best_stump, min_err, best_class_est
```

步骤 4：训练过程。

在创建了决策树后，我们来构建基于单层决策树的训练模型。该过程中输入主要 3 个变量：特征矩阵、标签矩阵及分类器的个数（最带迭代次数）。首先对值进行初始化；然后进行迭代训练，使用步骤 3 中构建的单层决策树，根据计算公式计算该弱分类器的权重，储存弱分类器及对样本权重和累计类别估计值进行更新；最终返回迭代后的分类结果。

```
def ada_boost_train_ds(data_arr, class_labels, num_it=40):
    weak_class_arr = [] #弱分类器的集合
    m = np.shape(data_arr)[0]
    # 初始化 D，设置每个特征的权重值，平均分为 m 份
    D = np.mat(np.ones((m, 1)) / m)
    #初始化预测的分类结果值
    agg_class_est = np.mat(np.zeros((m, 1)))
    for i in range(num_it):
        # 得到决策树的模型
        best_stump, error, class_est = build_stump(data_arr, class_labels, D)
        # print('D: {}'.format(D.T))
        # alpha 目的主要是计算每个分类器实例的权重(加和就是分类结果)
        # 计算每个分类器的 alpha 权重值
        alpha = float(0.5 * np.log((1.0 - error) / max(error, 1e-16)))
        best_stump['alpha'] = alpha
        # store Stump Params in Array
        weak_class_arr.append(best_stump)
        # print('class_est: {}'.format(class_est.T))
        # 分类正确：乘积为 1，不会影响结果，-1 主要是下面求 e 的-alpha 次方
        # 分类错误：乘积为 -1，结果会受影响，所以也乘以 -1
        expon = np.multiply(-1 * alpha * np.mat(class_labels).T, class_est)
        # 判断正确的，就乘以-1，否则就乘以 1，为什么？书上的公式
        # print('(-1 取反)预测值 expon=', expon.T)
        # 计算 e 的 expon 次方，然后计算得到一个综合的概率的值
        # 结果发现：判断错误的样本，D 对于样本权重值会变大
```

```python
        # multiply 是对应项相乘
        D = np.multiply(D, np.exp(expon))
        D = D / D.sum()
        # 预测的分类结果值，在上一轮结果的基础上，进行加和操作
        # print('叠加前的分类结果 class_est: {}'.format(class_est.T))
        agg_class_est += alpha * class_est
        # print('叠加后的分类结果 agg_class_est: {}'.format(agg_class_est.T))
        # sign 判断正为1， 0 为0， 负为-1，通过最终加和的权重值，判断符号
        # 结果为：错误的样本标签集合，因为是 !=，那么结果就是 0 正、1 负
        agg_errors = np.multiply(np.sign(agg_class_est) != np.mat(class_labels).T,
                                 np.ones((m, 1)))
        error_rate = agg_errors.sum() / m
        # print('total error: {}\n'.format(error_rate))
        if error_rate == 0.0:
            break
    return weak_class_arr, agg_class_est
```

步骤5：构建分类函数。

通过上面的函数得到的弱分类器的集合进行预测，输入分类数据和弱分类器的集合，然后遍历所有的弱分类器进行分类，返回分类结果。

```python
def ada_classify(data_to_class, classifier_arr):
    data_mat = np.mat(data_to_class)
    m = np.shape(data_mat)[0]
    agg_class_est = np.mat(np.zeros((m, 1)))
    for i in range(len(classifier_arr)):
        class_est = stump_classify(
            data_mat, classifier_arr[i]['dim'],
            classifier_arr[i]['thresh'],
            classifier_arr[i]['ineq']
        )
        agg_class_est += classifier_arr[i]['alpha'] * class_est
        print(agg_class_est)
    return np.sign(agg_class_est)
```

步骤6：构建主函数。

通过设置不同的函数实现不同的功能，首先设置主函数进行调用，实现在训练集上训练，然后对测试集进行预测，并输出预测结果，以及实验结果的评估。其具体代码如下：

```python
def test():
```

```python
data_mat, class_labels = load_data_set('D:\data\input\\7.AdaBoost\horseColicTraining2.txt')
print(data_mat.shape, len(class_labels))
weak_class_arr, agg_class_est = ada_boost_train_ds(data_mat, class_labels, 40)
print(weak_class_arr, '\n-----\n', agg_class_est.T)
data_arr_test, label_arr_test = load_data_set("D:\data\input\\7.AdaBoost\horseColicTest2.txt")
m = np.shape(data_arr_test)[0]
predicting10 = ada_classify(data_arr_test, weak_class_arr)
err_arr = np.mat(np.ones((m, 1)))
# 测试：计算总样本数，错误样本数，错误率
print(m,
      err_arr[predicting10 != np.mat(label_arr_test).T].sum(),
      err_arr[predicting10 != np.mat(label_arr_test).T].sum() / m
      )


if __name__ == '__main__':
    test()
```

实验结果如图 8-12 所示。

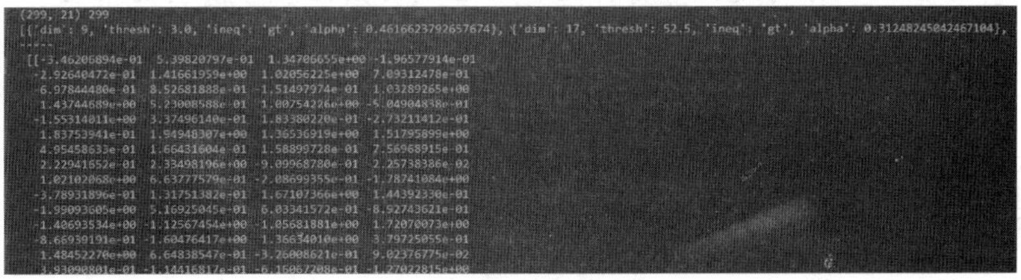

图 8-12　实验结果

输出所有测试集数据的分类结果及准确率，如图 8-13 所示。

图 8-13　输出所有测试集数据的分类结果及准确率

第 9 章 强化学习

本章学习目标

- 了解强化学习与监督学习、无监督学习的区别,以及强化的原理和应用背景。
- 了解强化学习中的 K-摇臂赌博机模型。
- 了解策略评估、策略改进、策略迭代的原理,掌握蒙特卡罗强化学习原理。
- 了解时序差分学习,掌握 Q-Learning 算法原理。

本章先介绍强化学习的定义,再介绍目前主流的强化学习模型及原理。

9.1 强化学习概述

9.1.1 强化学习的定义

强化学习是机器学习的一个分支,其强调如何根据当前环境采取行动,从而最大化预期收益。强化学习的灵感来自于心理学的行为主义理论,即在环境给予的奖励或惩罚的刺激下,生物是如何逐渐形成对刺激的期望,进而产生可以使利益最大化的习惯性行为的。这种方法具有通用性,因此,已经在许多其他领域进行过研究,如博弈论、控制论、运筹学、信息论、仿真优化、群体智能等。在控制论和运筹学的背景下,强化学习又被称为"近似动态规划"。尽管大多数研究都是关于最优解的存在与否及其特征,而不是学习或逼近,在经济学和博弈论中,强化学习用于解释在有限理性条件下的平衡如何发生。

9.1.2 强化学习的特点

1. 要素

强化学习的任务通常用马尔可夫决策过程(Markov Decision Process，MDP)来描述。当机器处于某一个环境中，机器的每种状态(S)都被看作是机器对所处环境的感知；机器只可以通过动作(A)达到影响环境的目的，当机器执行某一个动作后，环境会按照一定的概率(P)转移到另一种状态。同时，环境将根据潜在的奖励函数将奖励反馈给机器。图9-1所示为强化学习图示。从图9-1中可以看出，强化学习主要包括4个要素：状态、动作、转移概率和奖励函数。

状态(S)：机器对环境的感知，所有可能的状态称为状态空间。

动作(A)：机器采取的动作，所有可以采取的动作构成动作空间。

转移概率(P)：执行一个动作后，当前状态将以一定概率转移到另一个状态。

奖励函数(R)：在状态转移的同时，环境将对机器进行反馈。

图 9-1 强化学习图示

2. 特性

（1）起源于动物学习心理学的试错法，因此符合行为心理学。

（2）寻求探索和采用之间的权衡：强化学习一方面要采用已经发现的有效行动；另一方面也要探索那些没有被认可的行动，来找到更好的解决方案。

（3）考虑整个问题而不是子问题。

3. 与监督、无监督学习的区别

（1）监督学习：有标签的数据，通过学习出来一组好的参数来预测标签。也就是说，通过已知类别的一部分输入数据与输出数据之间的对应关系，构造一个函数，使得输入数据映射到合适的输出数据，如分类。

（2）无监督学习：无监督学习即只有特征，没有标签。在只有特征、没有标签的训练数据集中，通过数据之间的内在联系和相似性将它们分成若干类——聚类。根据数据本身的特性，从数据中根据某种度量学习出一些特性。

（3）强化学习：强化学习与无监督学习类似，均使用未标记的数据，但是强化学习通过算法学习是否距离目标越来越近，可理解为奖励与惩罚函数。

强化学习与监督学习、无监督学习的区别如下。

（1）反馈机制不同：监督学习有反馈，无监督学习无反馈，强化学习是执行多步之后才反馈。

（2）目标不同：强化学习是各种行为下的长期收益，监督学习是与已知输出标签的误差。

（3）强化学习的奖惩概念是没有正确或错误之分的，而监督学习标签就是正确的，并且强化学习是一个学习加决策的过程，有和环境交互的能力（交互的结果以惩罚的形式返回），而监督学习不具备。

9.2　K-摇臂赌博机模型

9.2.1　K-摇臂赌博机简介

考虑最简单的强化学习情况——单步操作，即只执行一次动作就能观察到奖励结果。为了最大化单步奖励，首先需要知道每个动作所能带来的预期奖励值，然后选择执行最大奖励值的动作。如果每个动作的奖励值为一个确定的值，就需要把所有动作尝试一遍。但是，在大多数情况下，动作的奖励值来自某个概率分布，因此需要多次尝试。

单步强化学习本质上是 K-摇臂赌博机（K-armed bandit）的原型。如图 9-2 所示，投入硬币后，操作者可以选择一个操纵杆。每个操纵杆都有一定的概率吐出硬币，这个概率是操作者不知道的。操作者的目标是找到一种以相同成本最大化收益的策略。

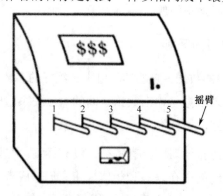

图 9-2　K-摇臂赌博机图示

通常尝试次数是有限的，一般采用如下两种方法进行有效的探索。

（1）仅探索方法：将尝试每个动作的机会进行平均分配，即轮流进行，最后将每个动作的平均奖励作为预期奖励的近似值。

（2）仅利用方法：将尝试的机会直接分配给具有最高平均奖励值的动作。

事实上，上述两种方法是相互矛盾的。仅探索方法可以更好地估计每个动作的预期收益，而无法根据当前的反馈结果来调整试验策略。而每次尝试后，仅利用方法都会更新它的尝试策略，这一点符合强化学习的思想，但可能很难找到最佳的动作。因此，这两者之间需要做出一个平衡。

9.2.2 ε-贪心算法

ε-贪心算法基于某个概率在探索和利用之间进行平衡调整，即在每次尝试时，以ε概率进行探索，以$1-\varepsilon$的概率进行利用，即以ε均匀概率随机选择动作，以$1-\varepsilon$的概率选择当前的最佳动作。ε-贪心算法只需要记录当前的平均奖励值和每个动作被选择的次数，就可以进行增量式更新。ε-贪心算法如下。

```
输入：摇臂数 K；
      奖励函数 R；
      尝试次数 T；
      探索概率 ε
输出：累积奖励 r
─────────────────────────────────────────────
r=0;
∀ i=1,2,…,K : Q(i)=0, count(i)=0.    Q(i)：摇臂 i 的平均奖赏；Count(i)：选中次数
For t=1,2,…,T do
    if rand()<ε then
  k 从 1,2,…,K 中以均匀分布随机选取
    else
  k= arg max_i Q(i)
    end if
    v=R(k);
    r=r+v;
    Q(k) = (Q(k)×count(k) + v) / (count(k)+1);
    count(k)=count(k)+1;
end for
```

9.2.3 Softmax 算法

Softmax 算法是根据每个动作的当前平均奖励值来平衡探索和利用的。Softmax 函数将一组值转换为一组概率，值越大对应的概率越高，因此，当前的平均奖励值越高的动作被选中的概率也越高。Softmax 算法中概率分布是基于 Boltzmann 分布的，即

$$P(k) = \frac{e^{\frac{Q(k)}{\tau}}}{\sum_{i=1}^{K} e^{\frac{Q(i)}{\tau}}}$$

式中，$Q(i)$ 为当前的平均奖励，$\tau > 0$，τ 越小，则平均奖励高的摇臂被选取的概率越高。当 τ 趋于 0 时，Softmax 趋于"仅利用"；当 τ 趋于无穷大时，Softmax 趋于"仅探索"。Softmax 算法如下。

输入：摇臂数 K；
　　　奖励函数 R；
　　　尝试次数 T；
　　　温度参数 τ
输出：累积奖励 r

$r=0$;
$\forall i=1,2,\cdots,K : Q(i)=0$, $\text{count}(i)=0$;
for $t=1,2,\cdots,T$ do
　　$k=$ 从 $1,2,\cdots,K$ 中根据 Softmax 函数随机选取
　　$v=R(k)$;
　　$r=r+v$;
　　$Q(k) = \dfrac{Q(k) \times \text{count}(k) + v}{\text{count}(k)+1}$;
　　$\text{count}(k)=\text{count}(k)+1$;
end for

9.3 策略迭代原理

9.3.1 马尔可夫决策过程

马尔可夫决策过程（MDP）是当前强化学习理论的基石。通过该框架，可以用概率

论的形式很好地表示强化学习的互动过程,并且可以相应地表达解决强化学习问题的关键定理。

马尔可夫决策过程(MDP)具有以下3个含义。

(1)"马尔可夫"表示状态之间的依存关系。当前状态的值仅取决于先前的状态,而与更早的状态无关。尽管此条件对于某些问题非常不理想,但人们通常选择使用它,因为它大大简化了问题。

(2)"决策"是指策略部分将由Agent决定。Agent可以通过自己的动作更改状态序列,以及结合环境中的随机性确定未来状态。

(3)"过程"代表时间的属性。如果在时间维度上展开了Agent与环境之间的交互,那么在Agent进行动作之后,环境状态也将发生变化,并且时间往前推进,生成新的状态,且Agent将获得观测结果,因此将生成一个新动作,然后状态继续更新。

9.3.2 价值函数

MDP关键在于策略(policy),也就是如何做出决策与执行行动。在理想状态下,每个行动都要为最终的目标——最大化长期回报努力。理论上只要能够找到一种方法,量化每个行动对实现最终目标贡献的价值,这个方式就能用价值函数(简称值函数)来衡量。

值函数分为以下两类。

(1)状态值函数(state value function)$v_\pi(s)$:也就是已知当前状态s,按照某种策略行动产生的长期回报期望。

(2)状态-动作值函数(state-action value function)$q_\pi(s,a)$:也就是已知当前状态s和动作a,按照某种策略行动产生的长期回报期望。其中π是一个行动策略。

1. 状态值函数

图9-3所示为状态值函数图示。

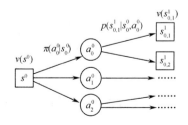

图9-3 状态值函数图示

从图 9-3 中可以看出，计算左边的 s^0 状态的 $v(s^0)$，可以通过它后面的 $r_{a_i}^{s_{0,i}^1} + s_{0,i}^1$ 加权求和，其中 $r_{a_i}^{s_{0,i}^1}$ 是采取行动 a_i 后获得的奖励。所以，状态值函数 Bellman 的公式为

$$v_\pi(s_t) = \sum_{a_i} \pi(a_t | s_t) \sum_{s_{t+1}} p(s_{t+1} | s_t, a_t)[r_{a_t}^{s_{t+1}} + \gamma \cdot v_\pi(s_{t+1})]$$

通过上述计算可以看出，状态值函数以递归的形式表示。假设值函数已经稳定，任意一个状态的价值可以由其他状态的价值得到。

2. 状态-动作值函数

与状态值函数的推导一样，图 9-4 所示为状态-动作值函数，它是以 $q(s,a)$ 为目标来计算值函数的。

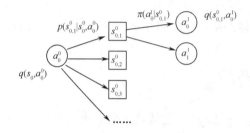

图 9-4　状态-动作值函数图示

同样与状态值函数一样，状态-动作值函数也有相应的 Bellman 公式，即

$$q_\pi(s_t, a_t) = \sum_{s_{t+1}} p(s_{t+1} | s_t, a_t)[r_{a_t}^{s_{t+1}} + \gamma \cdot \sum_{a_{t+1}} \pi(a_{t+1} | s_{t+1}) q_\pi(s_{t+1}, a_{t+1})]$$

这个公式与上面的状态值函数的公式非常类似。以上两个 Bellman 公式是 MDP 中最核心的内容，后面的各种强化学习的算法也是建立在这两个公式之上的。

9.3.3　策略迭代法

如果想知道最优的策略，就需要能够准确估计值函数；然而想准确估计值函数，又需要知道最优策略才能够估计准确。所以，实际上这是一个"鸡生蛋还是蛋生鸡"的问题。

因此，策略迭代法通过迭代的方式，去不断地靠近最优策略。

策略迭代法的思路如下。

（1）以某种策略 π 开始，计算当前策略下的值函数 $v_\pi(s)$。

（2）利用这个值函数，更新策略，得到 π^*。

（3）再用这个策略 π^* 继续前行，更新值函数，得到 $v'_\pi(s)$，一直到 $v_\pi(s)$ 不再发生变化。

当前状态值函数 $v_\pi^T(s)$ 可以通过上一次的迭代 $v_\pi^{T-1}(s)$ 和之前的状态值函数的 Bellman 公式得出：

$$v_\pi^T(s_t) = \sum_{a_t} \pi^{T-1}(a_t \mid s_t) \sum_{s_{t+1}} p(s_{t+1} \mid s_t, a_t)[r_{a_t}^{s_{t+1}} + \gamma \cdot v_\pi^{T-1}(s_{t+1})]$$

式中，T 为迭代的轮数。

更新策略 π^*，分为以下两步。

（1）计算当前的状态-动作值函数：

$$q_\pi^T(s_t, a_t) = \sum_{s_{t+1}} p(s_{t+1} \mid s_t, a_t)[r_{a_t}^{s_{t+1}} + \gamma \cdot v_\pi^T(s_{t+1})]$$

（2）通过当前的状态-动作值函数，找出比较好的策略序列。

$$\pi^{T+1}(s) = \arg\max_a q_\pi^T(s, a)$$

因此，策略迭代算法的整个过程可以分为以下两个步骤。

（1）计算当前的状态值函数的过程，称为策略评估（policy evaluation）。

（2）计算最优策略的过程，称为策略提升（policy improvement）。

9.4 蒙特卡罗强化学习

9.4.1 蒙特卡罗方法的基本思想

蒙特卡罗方法也称为统计模拟方法，它使用随机数（或伪随机数）解决计算问题，是一种基于概率的方法，并且是一种重要的数值计算方法。

一个简单的例子可以解释蒙特卡罗方法。假设需要计算某个不规则图形的面积，则图形的不规则程度与分析计算的复杂程度（如积分）成正比。如图 9-5 所示，首先将图形放在已知大小的方框中，然后将豆子均匀撒入方框，撒完后，计算图中的豆子数量。对图形的内部和外部豆子数量进行计数，通过豆子的比例可以计算出面积。当豆子变小并且撒得更多时，结果将更加准确。

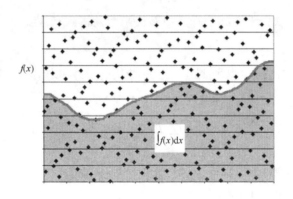

图 9-5 蒙特卡罗方法图示

9.4.2 强化学习中的蒙特卡罗方法

蒙特卡罗方法仅需经验即可得到最佳策略，该经验可以在线获得，也可以根据特定的仿真机制获得，通常仅在 episode task 上定义蒙特卡罗方法。而 episode task 是指无论采用哪种策略 π，都将在有限时间内达到最终状态，并获得奖励的任务。例如，玩棋盘游戏，经过有限次数的移动后，始终可以实现输、赢或平局的结果，并获得相应的奖励。经验实际上是训练样本。蒙特卡罗方法依靠样本的平均收益来解决强化学习问题。

9.4.3 蒙特卡罗策略估计

首先考虑用蒙特卡罗方法来学习状态值函数 $v_\pi(s)$，估计 $v_\pi(s)$ 的一个明显的方法是对于所有到达过该状态的回报取平均值，分为 first-visit MC methods 和 every-visit MC methods。

对于 first-visit MC methods，某个状态 s 的值函数计算公式为

$$v(s) = \frac{G_{11}(s) + G_{21}(s) + G_{31}(s) + \cdots}{N(s)}$$

对于 every-visit MC methods，某个状态 s 的值函数计算公式为

$$v(s) = \frac{G_{11}(s) + G_{12}(s) + \cdots + G_{21}(s) + G_{22}(s) + \cdots + G_{31}(s) + G_{32}(s) + \cdots}{N(s)}$$

当要评估智能体的当前策略时，可以使用该策略来生成许多试验，并且每个试验都从任意状态开始直到结束状态。计算一次试验找状态 s 的折扣回报返回值为

$$G_t(s) = R_{t+1} + \gamma R_{t+2} + \cdots + \gamma^{T+1} R_T$$

MC 方法就是反复多次试验，求取每个实验中每个状态 s 的值函数，然后再根据 GPI

进行策略改进、策略评估等，直到最优。

假设有图9-6所示的一些样本，取折扣因子 $\gamma=1$，直接计算累计回报。

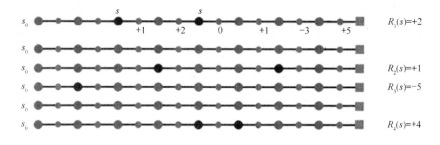

图9-6　累计回报计算图示

根据 first-visit MC methods，对出现过状态 s 的 episode 的累计回报取均值，有 $v_\pi(s) \approx (2+1-5+4)/4 = 0.5$，当经过无穷多的 episode 后，$v_\pi(s)$ 的估计值将收敛于其真实值。

9.5　时序差分学习

时序差分（TD）学习被广泛用于强化学习方法中，以学习对未来总回报（价值函数）的瞬时预测。在这种情况下，TD 学习通常比其他方法更简单，数据效率更高。但是，与强化学习相比，可以更广泛地使用 TD 学习的思想。TD 学习是一种用于随时间推移对同一事件进行多个预测的学习预测的通用方法，值函数只是一个示例。TD 学习最普遍的用途是在环境或任务域的学习模型中使用，已应用于多种任务，如机器人导航、棋盘游戏和生物建模。

TD 学习的基本思想可以描述为"从猜测中学习猜测"，时间差异是指行为者从环境中学习之前没有环境知识的情节。TD 学习的目标是针对在每次提出 CS 的试验中的每个时间 t 提供一个预测，即从时间 t 到试验结束将在试验中获得的未来总收益。这是通过将时间 $t+1$ 的预测值与时间 t 的预测值进行比较的特定 PE 信号完成的。在学习开始时，在每次奖励或 UCS 交付之前，每次 t 的预期奖励 $V(t)$ 均为零（t_{UCS}）。在下一次学习试验中，$V(t_{UCS})$ 和 $V(t_{UCS-1})$ 之间的比较会产生正预测误差，该误差以最简单的 TD 学习形式，用于在时间 t_{UCS-1}（与任意学习率成正比）。在随后的学习试验中，对于从 t_{UCS} 到 t_{CS}（最早出现 CS 的时间）的每个时间 t，更新 $V(t)$。每次 t 的 $V(t)$ 时学习完成等于试验中可用的总奖励。由此可见，在每个试验的奖励意外事件没有任何变化的情况下，一旦 $V(t)$ 收敛到总可用奖励，则该时间点的 PE 信号或 δ_t 为零。

本节将会介绍 3 个经典的时序差分算法，主要包括 TD(0)、TD(1) 和 TD(λ)。首先需要了解几个相关术语，折现率 γ 为 0~1 的数值，它的值越大，折扣越少。信用分配变量 λ 是介于 0 和 1 之间的值，它的值越高，可以分配给更多回退状态和操作的功劳就越多。学习率 α 表示应该接受多少误差，并因此调整估计，是介于 0 到 1 之间的值，较高的值会主动调整，接受更多的误差，而较小的值会保守调整，但可能会使实际值朝着更保守的方向移动。增量 δ 表示值的变化或差异，在后续的算法中，会用到相对应的参数。

在了解时序差分学习之前，回顾一下监督学习的通用表达形式，即

$$\Delta w_t = \alpha(z - V(s_t))\nabla_w V(s_t) \tag{9.1}$$

式中，w_t 为在时间 t 时刻预测函数的参数向量；α 为学习率；z 为目标值；$V(s_t)$ 为对输入状态 s_t 的预测；∇ 为求导符号；∇_w 为对 w 的求偏导。与神经网络中的反向传播相似，通过对 w 求导来计算梯度值。但在多步预测问题中，无法逐步计算此更新规则，因为 z 的值在序列结束之前是未知的。所以，在更新权重之前，需要先观察整个序列，因此整个序列的权重更新只是每个时间步长的权重变化之和。

$$w \leftarrow w + \sum_{t=1}^{m} \Delta w_t \tag{9.2}$$

式中，m 为序列中的步数。

9.5.1 TD(1)算法

在 TD(1) 算法中，任何时候的误差 $z - V_t$ 都可以表示为相邻步长的预测变化的总和，即

$$z - V_t = \sum_{k=t}^{m} V_{k+1} - V_k \tag{9.3}$$

式中，V_t 为 $V(s_t)$ 的简写形式，定义 V_{m+1} 为 z，为序列的终端状态，可以通过扩展公式（9.3）进行合并，抵消掉相同项后仅留下 $z - V_t$，观察等式两端来验证该公式的有效性。

用序列更新公式代替 Δw_t，得到

$$w \leftarrow w + \sum_{t=1}^{m} \alpha(z - V_t)\nabla_w V_t \tag{9.4}$$

用差的总和来代替误差 $z - V_t$，得到

$$w \leftarrow w + \sum_{t=1}^{m} \alpha(V_{k+1} - V_k) \sum_{k=1}^{t} \nabla_w V_t \tag{9.5}$$

通过移项得到 Δw_t，因此，从中提取单个时间步长的权重更新规则为

$$\Delta w_t = \alpha(V_{k+1} - V_k) \sum_{k=1}^{t} \nabla_w V_k \tag{9.6}$$

在上述更新过程中，需要两个连续的预测来形成误差项，因此，必须已经处于状态 s_t 以获得预测 V_t，但是对于预测 V_t 正在进行学习，即 w_t 正在更新。当误差在 $t+1$ 时刻出现时，通过将此误差乘以求和来获得适当的权重变化，以更新所有梯度，可以得出先前输入状态的预测结果。实际上，更新规则是通过使用连续预测值中的差异来更新所有先前的预测的，以使每个先前的预测更接近当前状态的预测 V_{t+1}，因此称为时间差异学习。

此更新规则将在序列上产生与监督版本相同的权重变化，但是此规则允许权重更新以增量方式发生，所需要做的就是一对连续的预测及过去输出梯度的总和，将此称为 TD(1) 过程。

9.5.2 TD(λ)、TD(0)算法

在 TD(λ) 中，添加一个常数 λ，该常数以指数的方式折扣梯度，即过去 n 步发生的预测的梯度乘以权重 λ^n。其中 λ 为介于 0~1 的常数。TD(λ) 的广义公式为

$$\Delta w_t = \alpha(V_{k+1} - V_k) \sum_{k=1}^{t} \lambda^{t-k} \nabla_w V_k \tag{9.7}$$

不难发现，当 $\lambda = 0$ 时，式（9.7）改写为

$$\Delta w_t = \alpha(V_{k+1} - V_k) \nabla_w V_k \tag{9.8}$$

此等式等效于用 V_{t+1} 代替 z 的监督学习规则。因此，TD(0) 会产生与监督方法相同的权重变化，监督方法的训练仅是状态，并且对紧随其后的状态进行预测，即训练由 s_t 作为输入，V_{t+1} 作为目标。从理论上讲，λ 会导致更新规则落在这两个极端之间。具体来说，λ 确定因当前步骤中发生的错误而将先前观察的预测值进行一定程度的更新。换句话说，它会根据当前错误跟踪先前的预测选择在适当的程度上进行更新。

$$e_t = \sum_{k=1}^{t} \lambda^{t-k} \nabla_w V_k \tag{9.9}$$

因此，将总和 e_t 称为时间 t 的资格跟踪。资格跟踪是 TD 学习中临时学分分配的主要

机制,即将在给定步骤中发生的 TD 错误的功劳分配给由资格跟踪确定的先前步骤。对于较高的 λ 值,与当前步骤中给定误差信号的较低 λ 值相比,序列中较早出现的预测要更大程度地更新。

9.6　Q-Learning 算法案例实战

1. 问题描述

假设当前有一家住宅,住宅包含 5 个房间,房间之间通过门相连接,为了表示方便,我们对房间标注上相应的数字 0~4,住宅外的区域标记为 5。通过双向箭头表示房间的互通,如图 9-7 所示。

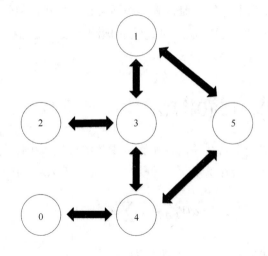

图 9-7　房间结构图示

在案例中,将初始位置设定在住宅中的任意一个房间,从当前房间移动到住宅外,即从 0~4 中的任意一个位置通过通道移动到数字 5 的位置,同时为每个通道关联一个 reward 值,与 5 直接连接的通道的 reward 设定为 100,其他的设置为 0。通道为双方向,因此存在两个 reward 值。例如,4→0 设置有 reward 值,而同样 0→4 也拥有 reward 值,所有通向 5 的通道的 reward 值为 100,基于当前问题下,Q-Learning 的目标即达到最大 reward 值的状态。

2. 算法设计

针对当前的问题,设计 Q-Learning 算法的实现过程,具体步骤如下。

Step1: 初始化一个 Q 表 $Q(s,a)$，其中，s,a 表示当前的状态和动作。

Step2: 给定学习参数 γ 和 reward 矩阵 R。

Step3: 对于每个 episode：

  3.1 初始化状态值 S。

  3.2 在当前的状态下通过给定的策略（如 ε-greedy）选取一个行为 a。

  3.3 利用选定的 a 得到下一个状态 $\tilde{s}$。

  3.4 由公式 $Q(s,a) = Q(s,a) + \gamma \cdot \max\{Q(\tilde{s},\tilde{a})\}$ 确定。

  3.5 进入下一个状态，即 $s := \tilde{s}$。

Step4: 得到目标状态，循环结束。

每次更新 $Q(s,a)$ 时，选取状态 $\tilde{s}$ 下的所有动作 $\tilde{a}$ 中 $Q(\tilde{s},\tilde{a})$ 值最大的行为，对于 a 选取策略，与 Sarsa 的区别在于：在下次的迭代过程中，在新的 s 下不一定会选择动作 a。

3. 案例实现

通过 import 命令导入所依赖的库，代码如下：

```
import numpy as np
```

如果此时在某个库的下方出现红色波浪线，表明当前环境下缺少实验所需的依赖库，可以通过 pip 或 conda 进行安装。

1）数值初始化

根据当前的通道及房间的连通图构建初始的矩阵 R，横纵坐标都为 0~5 的 5 个房间，横纵相交的位置表示通道的 reward 值，如表 9-1 所示。

表 9-1 数值初始化

房间	0	1	2	3	4	5
0	-1	-1	-1	-1	0	-1
1	-1	-1	-1	0	-1	100
2	-1	-1	-1	0	-1	-1
3	-1	0	0	-1	0	-1
4	0	-1	-1	0	-1	100
5	-1	0	-1	-1	0	100

具体代码如下：

```
reward = np.array([[-1, -1, -1, -1, 0, -1],
        [-1, -1, -1, 0, -1, 100],
        [-1, -1, -1, 0, -1, -1],
        [-1, 0, 0, -1, 0, -1],
```

```
              [0, -1, -1, 0, -1, 100],
              [-1, 0, -1, -1, 0, 100]])
```

2）选取学习参数

这里取 $\gamma = 0.8$，将 Q 初始化为一个零矩阵，并初始化迭代次数 step。

```
Q_matrix = np.zeros((len(reward), len(reward)))#生成初始矩阵 Q
rows, cols = reward.shape    #生成 state，action 的行列个数
print(rows,cols)
steps = 0
gamma = 0.8
```

3）迭代更新

首先设置判定条件，假设当迭代次数到达 500 次时，即使未达到目标状态也结束更新。避免算法陷入死循环，每次更新，迭代次数加 1。

```
while steps < 500:
    steps += 1
```

随机选取一个状态值，并计算最大的矩阵 **R**。代码如下：

```
start_state = np.random.randint(0, rows)#随机选择一个 state
Rmax = max(reward[start_state])#得到最大的矩阵 R
```

当前状态下对应矩阵 **R** 的第 k 行，观测第 k 行中非负值，即为可能的下一步更新，并计算该状态下的最大 reward 值，然后通过公式 $Q(s,a) = Q(s,a) + \gamma \cdot \max\{Q(\tilde{s},\tilde{a})\}$ 更新 Q 表。

```
for i in range(cols):
    if reward[start_state, i] != -1:  #判断并不选择 reward=-1 的
        maxQ = max(Q_matrix[i]) #选择下一个 action 的最大 reward
        #得到矩阵 Q，并迭代循环
        Q_matrix[start_state, i] = reward[start_state, i] + gamma * maxQ
```

4. 实验结果

通过多次迭代，最终使得 Q 收敛于矩阵 Q_matrix，再对其进行规范化，即每个元素除以矩阵 Q_matrix 的最大元素。当 Q 通过有限次的迭代能够达到收敛时，此时模型学习到了转移到目标状态的最佳路径。

```
print(np.round(Q_matrix/5))
```

输出结果如图 9-8 所示。

```
C:\Users\wu\Anaconda3\python.exe D:/pycharm/ml/Q-lerning/q-learn.py
6 6
[[  0.   0.   0.   0.  80.   0.]
 [  0.   0.   0.  64.   0. 100.]
 [  0.   0.   0.  64.   0.   0.]
 [  0.  80.  51.   0.  80.   0.]
 [ 64.   0.   0.  64.   0. 100.]
 [  0.  80.   0.   0.  80. 100.]]
Process finished with exit code 0
```

图 9-8 输出结果

按照上述步骤操作,将该矩阵进行还原,即可找到最优路径,如图 9-9 所示。

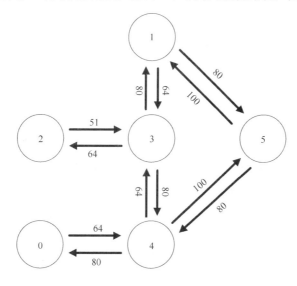

图 9-9 最优路径

9.7 基于 Sarsa 的宝藏探索

1. 实验背景

在本实验中,基于一个二维的迷宫网格进行一次进阶的 Q-Learning 算法实战。与上一个案例不同的是,这里不再是一维的位置坐标,而是基于二维的网格坐标的例子。同样,对于一个任意红色方块,经过若干次的尝试后达到制定目标的黄色区域处,如图 9-10 所示。

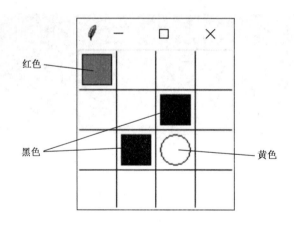

图 9-10 二维迷宫图示

设置每步到达白色区域的 reward 为 1，而到达黑色区域需要惩罚，reward 为 -1。

2. Sarsa 算法更新

设计 Sarsa 算法，并与 Q-Learning 算法进行对比。其操作步骤如下。

> Step1：初始化一个 Q 表 $Q(s,a)$，其中 s,a 表示当前的状态和动作。
> Step2：给定学习参数 γ 和 reward 矩阵 R。
> Step3：对于每个 episode：
>   3.1 初始化状态值 s。
>   3.2 在当前的状态下通过给定的策略（如 $\varepsilon-\text{greedy}$）选取一个行为 a。
>   3.3 利用选定的 a 得到下一个状态 $\tilde{s}$。
>   3.4 由公式 $Q(s,a) = Q(s,a) + \alpha[R + \gamma \cdot Q(\tilde{s},\tilde{a}) - Q(s,a)]$ 确定。
>   3.5 进入下一个状态，即 $s := \tilde{s}$，$a := \tilde{a}$。
> Step4：得到目标状态，循环结束。

Q-Learning 在每步 TD 中贪心地获取下一步最优的状态-动作值函数；而 Sarsa 则是在 TD 中选取下一个状态-动作值函数。在这种情况下，Q-Learning 更倾向于找到一条最优 policy，而 Sarsa 则会找到一条次优的 policy。这是由于 Sarsa 在 TD 误差中随机地选取了下一个状态-动作值函数，这样可能会使整体的状态值函数降低。

3. 编译环境

定义一个迷宫的环境函数，命名为 maze_env.py，通过使用 tkinter 进行 GUI 的编译，构造迷宫的 4×4 网格图，并设置奖励和环境的更新步骤，具体操作如下。

首先导入所需要的库，定义初始化参数和变量。

```
import numpy as np
import time
```

```python
import sys
if sys.version_info.major == 2:
    import Tkinter as tk
else:
    import tkinter as tk

UNIT = 40   # pixels
MAZE_H = 4  # grid height
MAZE_W = 4  # grid width

class Maze(tk.Tk, object):
    def __init__(self):
        super(Maze, self).__init__()
        self.action_space = ['u', 'd', 'l', 'r']
        self.n_actions = len(self.action_space)
        self.title('maze')
        self.geometry('{0}x{1}'.format(MAZE_H * UNIT, MAZE_H * UNIT))
        self._build_maze()
```

构建画布函数 _build_maze()，画出网格中的网格实线，定义出初始的 Agent 的位置，然后分别在不同的位置设置两个惩罚区域和一个宝藏区域。惩罚区域用黑色方块表示，宝藏区域使用黄色圆形区域表示，如图 9-10 所示。函数定义如下：

```python
def _build_maze(self):
    #窗口画布，大小为 160×160
    self.canvas = tk.Canvas(self, bg='white',
                height=MAZE_H * UNIT,
                width=MAZE_W * UNIT)

    # create grids，横纵坐标每隔 40 画一条实线，得到 16 个格子
    for c in range(0, MAZE_W * UNIT, UNIT):
        x0, y0, x1, y1 = c, 0, c, MAZE_H * UNIT
        self.canvas.create_line(x0, y0, x1, y1)
    for r in range(0, MAZE_H * UNIT, UNIT):
        x0, y0, x1, y1 = 0, r, MAZE_W * UNIT, r
        self.canvas.create_line(x0, y0, x1, y1)

    # create origin
    origin = np.array([20, 20])
```

```python
#设置两个惩罚的区域，并用黑色方块表示
# hell
hell1_center = origin + np.array([UNIT * 2, UNIT])
self.hell1 = self.canvas.create_rectangle(
    hell1_center[0] - 15, hell1_center[1] - 15,
    hell1_center[0] + 15, hell1_center[1] + 15,
    fill='black')
# hell
hell2_center = origin + np.array([UNIT, UNIT * 2])
self.hell2 = self.canvas.create_rectangle(
    hell2_center[0] - 15, hell2_center[1] - 15,
    hell2_center[0] + 15, hell2_center[1] + 15,
    fill='black')

# 设置最终的宝藏区域，用黄色圆形表示
oval_center = origin + UNIT * 2
self.oval = self.canvas.create_oval(
    oval_center[0] - 15, oval_center[1] - 15,
    oval_center[0] + 15, oval_center[1] + 15,
    fill='yellow')

# 生成一个略小于每个网格大小的红色方块
self.rect = self.canvas.create_rectangle(
    origin[0] - 15, origin[1] - 15,
    origin[0] + 15, origin[1] + 15,
    fill='red')

# pack all
self.canvas.pack()
```

定义位置重置函数 reset()，即在每次路径探索结束后，需要将 Agent 的代理红色方块重置到初始的位置。函数的定义如下：

```python
#把当前的小红块进行重置，回到开始的位置
def reset(self):
    self.update()
    time.sleep(0.5)
    self.canvas.delete(self.rect)
```

```
    origin = np.array([20, 20])
    self.rect = self.canvas.create_rectangle(
        origin[0] - 15, origin[1] - 15,
        origin[0] + 15, origin[1] + 15,
        fill='red')
    # return observation
    return self.canvas.coords(self.rect)
```

定义 Agent 方块的移动函数 step()，当动作为 0 时，Agent 向上移动一个方格，当动作为 1 时，Agent 向下移动一个方格，当动作为 2 时，Agent 向右移动一个方格，当动作为 3 时，Agent 向左移动一个方格。然后设置奖励方式，如果走到黑色区域，返回-1；如果走到黄色区域，返回 1，其他的为 0。

```
#设置移动方式，在不同条件下进行上下左右的移动
def step(self, action):
    s = self.canvas.coords(self.rect)
    base_action = np.array([0, 0])
    if action == 0:   # up
        if s[1] > UNIT:
            base_action[1] -= UNIT
    elif action == 1: # down
        if s[1] < (MAZE_H - 1) * UNIT:
            base_action[1] += UNIT
    elif action == 2: # right
        if s[0] < (MAZE_W - 1) * UNIT:
            base_action[0] += UNIT
    elif action == 3: # left
        if s[0] > UNIT:
            base_action[0] -= UNIT

    self.canvas.move(self.rect, base_action[0], base_action[1])  # move agent

    s_ = self.canvas.coords(self.rect)  # next state

    # 设置奖励方式，如果走到黑色区域，返回-1，如果走到黄色区域，返回 1，其他的为 0
    if s_ == self.canvas.coords(self.oval):
        reward = 1
        done = True
```

```python
            s_ = 'terminal'
        elif s_ in [self.canvas.coords(self.hell1), self.canvas.coords(self.hell2)]:
            reward = -1
            done = True
            s_ = 'terminal'
        else:
            reward = 0
            done = False

        return s_, reward, done

    def render(self):
        time.sleep(0.1)
        self.update()
```

将上述函数的功能进行组装,实现迷宫的游戏环境。

```python
#将上述函数进行组装,构建多次迭代下的环境更新
def update():
    for t in range(10):
        s = env.reset()
        while True:
            env.render()
            a = 1
            s, r, done = env.step(a)
            if done:
                break
```

4. RL_brain 模块

定义 Sarsa 的更新过程,即新建一个 RL_brain.py 文件,主要包含两个部分:一个状态选择和 Q 表更新过程。首先定义一个状态选择的函数 choose_action(),主要基于两种方式,即在贪婪模式下和非贪婪模式下的行动选择。

```python
class RL(object):
    # 初始化参数
    def __init__(self, action_space, learning_rate=0.01, reward_decay=0.9, e_greedy=0.9):
        self.actions = action_space        # 动作列表
        self.lr = learning_rate            # 学习率
        self.gamma = reward_decay          # 奖励衰减度
```

```python
        self.epsilon = e_greedy          # 贪婪度
        # 初始化 q_table
        self.q_table = pd.DataFrame(columns=self.actions, dtype=np.float64)

    # 检验 state 是否存在
    def check_state_exist(self, state):
        if state not in self.q_table.index:
            # 如果不存在就插入一组全 0 数据，当作 state 的所有 action 的初始 values
            self.q_table = self.q_table.append(
                pd.Series(
                    [0]*len(self.actions),
                    index=self.q_table.columns,
                    name=state,
                )
            )

    # 选择行为
    def choose_action(self, observation):
        self.check_state_exist(observation)  # 检验 state 是否在 q_table 中出现
        # 贪婪模式
        if np.random.rand() < self.epsilon:
            # choose best action
            state_action = self.q_table.loc[observation, :]
            # 同一个 state，可能会有多个相同的 Q action values，所以我们乱序一下
            action = np.random.choice(state_action[state_action == np.max(state_action)].index)
        else:
            # 非贪婪模式随机选择 action
            action = np.random.choice(self.actions)
        return action

    def learn(self, *args):
        pass
```

然后，通过算法中 $Q(s,a)$ 的更新公式对 Q 表进行更新。

```python
# on-policy
class SarsaTable(RL):

    def __init__(self, actions, learning_rate=0.01, reward_decay=0.9, e_greedy=0.9):
```

```python
        super(SarsaTable, self).__init__(actions, learning_rate, reward_decay, e_greedy)

    # 学习更新参数
    def learn(self, s, a, r, s_, a_):
        self.check_state_exist(s_)    #同样先检验一下 q_table 中是否存在 s_
        q_predict = self.q_table.loc[s, a]
        if s_ != 'terminal':
            # 下一个状态不是终止
            q_target = r + self.gamma * self.q_table.loc[s_, a_]  # next state is not terminal
        else:
            q_target = r  # next state is terminal
        # 更新参数
        self.q_table.loc[s, a] += self.lr * (q_target - q_predict)  # update
```

5. run_this 模块

最后定义主模块 run_this.py 文件，新建一个 PY 文件，并命名为 run_this.py。在主模块中，将之前的功能模块先导入相应的函数功能。

```python
from maze_env import Maze
from RL_brain import SarsaTable
```

定义更新函数 update()，定义迭代的循环条件，在每个条件中，执行环境的更新和状态的更新，这里限制 epoch 的次数为 100 次后终止，具体代码如下：

```python
def update():
    for episode in range(100):
        # 初始化环境
        observation = env.reset()

        # Sarsa 根据 state 观测选择动作
        action = RL.choose_action(str(observation))

        while True:
            # 刷新环境
            env.render()

            # 在环境中采取行为，获得下一个 state_(observation_)、reward 和终止信号
            observation_, reward, done = env.step(action)
```

```
# 根据下一个 state(observation_)选取下一个 action_
action_ = RL.choose_action(str(observation_))

#从(s, a, r, s, a)中学习，更新 Q_table 的参数
RL.learn(str(observation), action, reward, str(observation_), action_)

# 将下一个的 observation_ 和 action_ 当成对应下一步的参数
observation = observation_
action = action_

# 循环结束时终端该次 epoch
if done:
    break

# end of game
print('game over')
env.destroy()
```

最后定义 main()函数，并运行该 PY 文件。

```
if __name__ == "__main__":
    env = Maze()
    RL = SarsaTable(actions=list(range(env.n_actions)))

    env.after(100, update)
    env.mainloop()
```

得到的结果如图 9-11 所示。

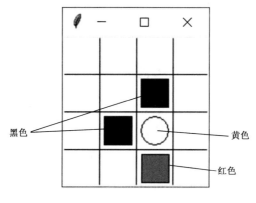

图 9-11　探索结果

第 10 章 人工神经网络

本章学习目标
- 了解人工神经元模型原理。
- 掌握多层感知机算法原理。
- 掌握误差反向传播算法原理。
- 掌握递归神经网络（RNN）、卷积神经网络（CNN）算法原理，能够基于 keras 构建简单的神经网络层。

本章先介绍人工神经元模型，然后介绍多层感知器及误差反向传播算法原理；最后结合原理详细分析 RNN、CNN 算法原理，并给出基于 keras 的案例分析。

10.1 人工神经元模型

10.1.1 人脑生物神经元概述

树突：树突是神经元的"信号接收器"，它具备两个功能接收来自其他神经元的信号，同时把这些信号传送给细胞体。

细胞体：细胞体的作用是把由树突传来的信号汇总成一个刺激信号。细胞体常被称为神经元的"心脏"，因为它是神经元的核心。

轴突：细胞体汇总的刺激信号有大有小，当超过一定阈值时，将由轴突对外发射信号。

突触：神经元向其他神经元或其他组织之间的信息传递将由突触完成，神经元通常有多个突触，但它们传递的信号都是一样的。

图 10-1 简要展示生物学中的一个神经元是由上述 4 个结构构成的。

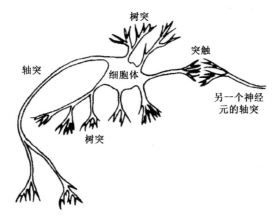

图 10-1　神经元结构图示

10.1.2　人工神经元模型概述

将上述的神经元结构抽象成数学概念可以得到图 10-2 所示的神经元模型。

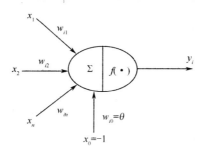

图 10-2　神经元模型图示

图 10-2 中，$(x_1, x_2, \cdots, x_n)$ 表示来自其他神经元的信号，$(w_{i1}, w_{i2}, \cdots, w_{in})$ 表示这些信号的对应权重，θ 为刺激信号的阈值，有时又称为偏置（bias）。当前神经元最终的处理信号是由神经元综合的输入信号和偏置（符号为 $-1 \sim 1$）相加之后产生的，通常称其为净激活或净激励（net activation），激活信号作为 $f(\cdot)$ 函数的输入，即 $f(\text{net})$；y_i 为当前神经元的输出；f 称为激活函数或激励函数（activation function），激活函数的主要作用是加入非线性因素，解决线性模型的表达、分类能力不足的问题。

10.1.3 常见的激活函数

(1) 阈值型变换函数,如图 10-3 所示。

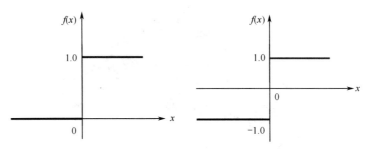

图 10-3 阈值型变换函数

当 $\sum_{i=1}^{n} \omega_i \cdot x_i \geqslant \theta$ 时,神经元为兴奋状态,输出为 1;当 $\sum_{i=1}^{n} \omega_i \cdot x_i < \theta$ 时,神经元为抑制状态,输出为 0。

(2) 非线性变换函数,如图 10-4 所示。

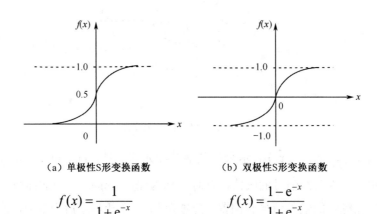

图 10-4 非线性变换函数

(3) 分段线性变换函数,如图 10-5 所示。

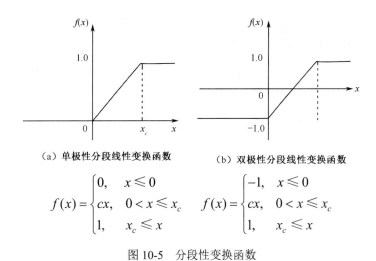

(a) 单极性分段线性变换函数　　(b) 双极性分段线性变换函数

$$f(x)=\begin{cases}0, & x\leqslant 0\\ cx, & 0<x\leqslant x_c\\ 1, & x_c\leqslant x\end{cases} \qquad f(x)=\begin{cases}-1, & x\leqslant 0\\ cx, & 0<x\leqslant x_c\\ 1, & x_c\leqslant x\end{cases}$$

图 10-5　分段性变换函数

10.2　多层感知器

10.2.1　单层感知器简述

将只有一层感知器的网络结构称为单层感知器，如图 10-6 所示。事实上，单层感知器还包括输入层。图 10-6 中的下半部分是由 n 个神经节点组成的，称为输入层或感知层。它们的功能是感知（引入）外部的信息，每个节点对应着接收单个输入信号，则输入层接收的信号构成列向量 $\boldsymbol{X}$。值得注意的是，神经元节点自身没有信息处理能力。

输出层是神经网络的处理机制，故也称为处理层。假设它有 m 个神经元节点，则 m 个节点分别向外传递处理后的信息，构成输出向量 $\boldsymbol{O}$。值得注意的是，这些节点与输入层中的节点不同，输出层中的节点自身有信息处理能力。更多地，输入层和输出层之间有权值向量 $\boldsymbol{W}_j$，m 个权值向量则构成权值矩阵 $\boldsymbol{W}$。

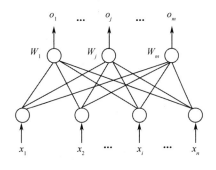

图 10-6　单层感知器

如图 10-7 所示，用*表示斜线上方的样本，它们使 $W_j^T X > 0$，从而输出为 1；线下方的样本使 $W_j^T X < 0$，从而使输出为-1，用。表示。图 10-7 中的直线是由感知器权值和阈值确定的直线方程，能够将输入样本分为两类。假如分界线的初始位置不能正确地将 *类样本和。类样本区分开，则需要不断迭代优化权值和阈值，也就是不断地调节分界线，直到将其调整到正确分类的位置。

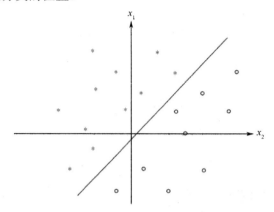

图 10-7　单层感知器功能图示

10.2.2　多层感知器

对于单层感知器所存在的无法解决"异或"问题的情况，可以通过增加层数来解决，对于"异或"问题，可以采用两个计算层感知器来解决。

图 10-8 所示为一个具有单隐藏层的感知器。其中隐藏层的两个节点相当于两个独立的符号单元（单计算节点感知器）。据前所述，这两个符号单元可分别在 $x_1 - x_2$ 平面上确定两条分界直线 s_1, s_2，从而构成图 10-9 所示的开放式凸域。

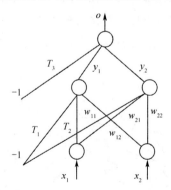

图 10-8　具有单隐藏层的感知器

在图 10-9 中，*和。是两类线性不可分样本，经过不断地迭代优化，更新两条直线的位置，可使这两类样本位于两条直线构成的凸域的内外部。此时，对隐节点 y_1 来说，直线 s_1 下面的样本使其输出为 $y_1=1$，而直线上面的样本使其输出为 $y_1=0$；而对隐节点 y_2 来说，直线 s_2 上面的样本使其输出为 $y_2=1$，而直线下面的样本使其输出为 $y_2=0$。

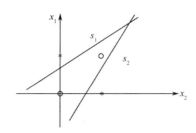

图 10-9　分界线 s_1、s_2 构成开放式凸域

10.2.3　多层感知器的功能

根据上述原理，当输入样本是一个二维向量，隐藏层中的每个节点确定二维平面上的边界线，直线结合输出节点将形成各种形状的凸域，如图 10-10 所示（所谓的凸域是指任意两个点之间的直线在其边界的域）。训练的过程就是通过不断地迭代优化，调整直线的位置。从而改变凸域的形状，让线性不可分的样本正好落在凸域的内外部。

图 10-10　多神经元凸域

理论上，通过增加隐藏层的节点数，多层感知器可以表示任何形状，也就能将任意不规则分布的样本区分出来。在实际应用中，不会让感知器的某一层无限扩大，而是添加第二个隐含层，该层的每个节点将确定一个凸域，各个凸域与输出层的节点结合后将变成图 10-11 所示的任意形状。

图 10-11　任意形状

Kolmogorov 理论指出，双隐藏层感知器可以满足解决任何复杂的分类问题的需求。该结论已经过严格的数学证明。

10.3 误差反向传播算法原理

10.3.1 预定义

以三层感知器为例，介绍误差反向传播（BP）算法原理，如图 10-12 所示。输入向量为 $X = (x_1, x_2, \cdots, x_i, \cdots, x_n)^T$，$x_0 = -1$ 是为隐藏层神经元引入阈值而设置的；隐藏层输出向量为 $Y = (y_1, y_2, \cdots, y_j, \cdots, y_m)^T$，$y_0 = -1$ 是为输出层神经元引入阈值而设置的；输出层输出向量为 $O = (o_1, o_2, \cdots, o_k, \cdots, o_l)^T$；期望输出向量为 $d = (d_1, d_2, \cdots, d_k, \cdots, d_l)^T$，$V = (v_1, v_2, \cdots, v_j, \cdots, v_m)^T$ 和 $W = (w_1, w_2, \cdots, w_k, \cdots, w_l)^T$ 分别表示输入层到隐藏层之间，以及隐藏层到输出层之间的权值矩阵。

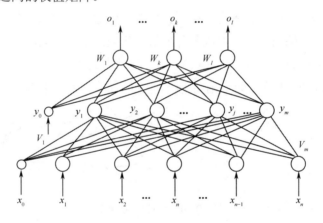

图 10-12 三层感知器

10.3.2 各层信号之间的数学关系

对于输出层，有

$$o_k = f(\text{net}_k), \quad k = 1, 2, \cdots, l$$

$$\text{net}_k = \sum_{j=0}^{m} w_{jk} y_j, \quad k = 1, 2, \cdots, l$$

对于隐藏层，有

$$y_j = f(\text{net}_j), \quad j = 1, 2, \cdots, m$$

$$\text{net}_j = \sum_{i=0}^{n} v_{ij} x_i, \quad j = 1, 2, \cdots, m$$

以上两种公式中，变换函数 $f(x)$ 均为单极性 Sigmoid 函数（根据应用而定）。

$$f(x) = \frac{1}{1 + e^{-x}}$$

式中，$f(x)$ 具有连续可导的特点，且 $f'(x) = f(x)[1 - f(x)]$。

10.3.3　误差反向传播算法

网络误差与权值调整的具体介绍如下。

网络输出与期望输出之间可能存在差值，称为输出误差 E，定义如下。

$$\begin{aligned} E &= \frac{1}{2}(d - o)^2 = \frac{1}{2}\sum_{k=1}^{l}(d_k - o_k)^2 \\ &= \frac{1}{2}\sum_{k=1}^{l}[d_k - f(\text{net}_k)]^2 = \frac{1}{2}\sum_{k=1}^{l}[d_k - f(\sum_{j=0}^{m} w_{jk} y_j)]^2 \\ &= \frac{1}{2}\sum_{k=1}^{l}\{d_k - f(\sum_{j=0}^{m} w_{jk} f(\text{net}_j))\}^2 = \frac{1}{2}\sum_{k=1}^{l}\{d_k - f(\sum_{j=0}^{m} w_{jk} f(\sum_{i=0}^{n} v_{ij} x_i))\}^2 \end{aligned}$$

由上述公式不难看出，输入误差是关于 w_{jk}、v_{ij} 的函数。需要通过调整权值使得误差 E 越来越小，所以权值调整量应该与误差的梯度下降成正比，即

$$\Delta w_{jk} = -\eta \frac{\partial E}{\partial w_{jk}}, \quad j = 0, 1, 2, \cdots, m; \quad k = 1, 2, \cdots, l$$

$$\Delta v_{ij} = -\eta \frac{\partial E}{\partial v_{ij}}, \quad i = 0, 1, 2, \cdots, n; \quad j = 1, 2, \cdots, m$$

式中，负号为梯度下降；常数 $\eta \in (0, 1)$ 为下降步长，在训练中反映了学习速率。

BP 算法属于 δ 学习规则类，这类算法常被称为误差的梯度下降（gradient descent）算法。

10.3.4　误差反向传播算法的改进

1. 增加动量项

在调整权值时，标准 BP 算法只根据 T 时刻误差的梯度下降方向进行调整，而没有考虑 T 时刻前的梯度下降方向，因此训练过程经常出现振荡，收敛速度慢。为了提高网

络的训练速度，可以在权值调整公式中加入动量项。令 W 代表某层权矩阵，X 代表某层输入向量，则含有动量项的权值调整向量表达式为

$$\Delta W(t) = \eta \delta X + \alpha \Delta W(t-1)$$

可以看出，增加动量项，就是从之前的权值调整中抽取一部分，叠加到权值调整中，α 为动量系数，$\alpha \in (0,1)$。动量项反映积累的调整经验，对 T 时刻的调整起到阻尼作用，当误差突然波动时，通过它可以减小振荡趋势，提高训练速度。目前，在 BP 算法中加入动量项，使带动量项的 BP 算法成为一种新的标准算法。

2. 自适应学习率

学习速率 η 也称为步长，在标准 BP 算法中是固定不变的。但在实际应用中，很难确定一个从头到尾都合适的最优学习率。但是，在误差变化剧烈的区域，η 太大，由于调整过多，会穿过一个狭窄的凹坑。

在到达目标点附近时振荡，无法收敛。为了加快收敛过程，动态改变学习率的方法被不断提出。例如，设一初始学习率，经过若干次迭代后，总误差 E 增大，那么该学习率无效，需要减小学习率，则设置 $\eta(t+1)=\beta\eta(t)$。

10.4 递归神经网络

10.4.1 递归神经网络简介

深度学习领域，传统的多层感知器（MLP）有良好的性能，取得了许多成功，它已经用于许多不同的任务中，包括手写数字识别和目标分类。即使在今天，中长期规划在解决分类任务时总是略优于其他方法。尽管如此，大多数专家认为 MLP 能解决的问题非常有限。分类任务只是人类复杂大脑能解决的一个小问题，而人类能够识别个案，分析输入信息之间的关系，更多的整体逻辑序列富含大量的信息内容，彼此之间有一个复杂的时间相关性信息，各种信息的长度，这是一个传统的 MLP 无法解决的。递归神经网络（Recurrent Neural Networks，RNN）通过把上一个隐藏节点的输出层和输入层的信息一同输入下一个节点来解决经常出现的序列问题。RNN 隐藏层数据流图示如图 10-13 所示。

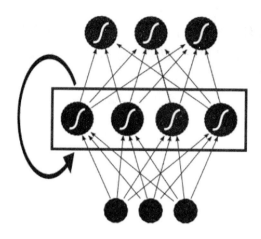

图 10-13　RNN 隐藏层数据流图示

10.4.2　RNN 的原理

现在来看 RNN 的 BP 算法，如图 10-14 所示，对于长度为 T 的序列 x，RNN 的输入层大小为 I，隐藏层大小为 H，输出层大小为 K，可以得到图 10-14 中 3 个矩阵维度分别为：$U \in R^{I \times H}$，$W \in R^{H \times H}$，$V \in R^{H \times K}$，这里假设 x^t 代表序列第 t 项的输入，α^t 代表第 t 项隐藏层的输入，b^t 代表对 α^t 做非线性激活也即为神经网络的输出，这里 α^t 由输入层 x^t 与上一层隐藏层的输出 b^{t-1} 共同决定。

$$\alpha_h^t = \sum_i w_{ih} x_i^t + \sum_{h'} w_{h'h} b_{h'}^{t-1}$$

$$b_h^t = f(\alpha_h^t)$$

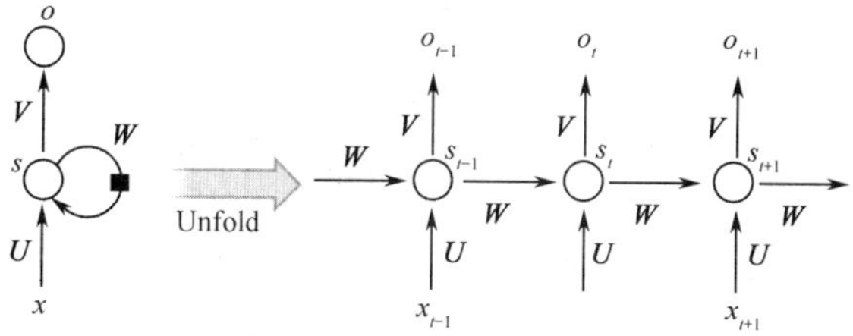

图 10-14　RNN 结构

这里序列状态从 $t=1$ 开始，一般设置 $b^0 = 0$，再将隐藏层传导至输出层即可。通常，RNN 的输出层采用与传统 MLP 的类似的 Softmax 来进行分类任务，即输出层的输出为

$$\alpha_k^t = \sum_h w_{hk} b_h^t$$

$$y_k^t = \frac{e^{\alpha_k^t}}{\sum_j e^{\alpha_j^t}}$$

注意：RNN 中由于输入时叠加了之前的信号，因此反向传导时不同于传统的 MLP。因为对于时刻 t 的输入层，其残差不仅来自输出，还来自之后的隐藏层输入。隐藏层的输入/输出如图 10-15 所示。

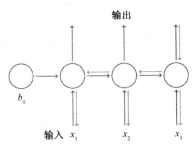

图 10-15 隐藏层的输入/输出

在时刻 t，RNN 输出层的残差项同 MLP 为 $\delta_k^t = y_k^t - z_k^t$，由于前向传导时隐藏层需要接收上一个时刻隐藏层的信号，因此反向传导时根据 BPTT 算法，隐藏层还需接收下一时刻的隐藏层的反馈。

$$\delta_h^t = f'(\alpha_h^t)(\sum_k \delta_k^t w_{hk} + \sum_{h'} \delta_{h'}^{t+1} w_{hh'})$$

若序列长度为 T，则残差 δ^{t+1} 均为 0，并且整个网络其实就只有一套参数 U、V、W，对于时刻 t 其导数分别为

$$U : \frac{\partial \boldsymbol{O}}{\partial w_{ih}} = \frac{\partial \boldsymbol{O}}{\partial \alpha_h^t} \frac{\partial \alpha_h^t}{\partial w_{ih}} = \delta_h^t x_i^t$$

$$V : \frac{\partial \boldsymbol{O}}{\partial w_{hk}} = \frac{\partial \boldsymbol{O}}{\partial \alpha_k^t} \frac{\partial \alpha_k^t}{\partial w_{hk}} = \delta_k^t b_h^t$$

$$W : \frac{\partial \boldsymbol{O}}{\partial w_{h'h}} = \frac{\partial \boldsymbol{O}}{\partial \alpha_h^t} \frac{\partial \alpha_h^t}{\partial w_{h'h}} = \delta_k^t b_{h'}^t$$

为了方便表示，写成统一的形式（假设对输入层有 $x_i^t = \alpha_i^t = b_i^t$），即

$$\frac{\partial \boldsymbol{O}}{\partial w_{ij}} = \frac{\partial \boldsymbol{O}}{\partial \alpha_j^t} \frac{\partial \alpha_j^t}{\partial w_{ij}} = \delta_j^t b_i^t$$

最后，由于 RNN 的递归性，对于时刻 $t=1,2,\cdots,T$，将其进行求和即可。下面为最终 RNN 网络的关于权重参数的导数，即

$$\frac{\partial \boldsymbol{O}}{\partial w_{ij}} = \sum_t \frac{\partial \boldsymbol{O}}{\partial \alpha_j^t} \frac{\partial \alpha_j^t}{\partial w_{ij}} = \sum_t \delta_j^t b_i^t$$

递归神经网络由于具有记忆功能，与序列和列表关系密切，可用于解决语音识别、语言模型机器翻译等许多问题。

10.5 卷积神经网络

10.5.1 卷积神经网络（CNN）概述

除了 RNN，CNN 是另一种常见的深度神经网络结构。1959 年，Hubel 和 Wiesel 发现可视皮层是分级的。例如，人眼观察一个气球，首先从原始信号摄取开始（瞳孔以像素为单位），然后进行初步处理（大脑皮层中的某些细胞找到边缘和方向），最后进行抽象（大脑确定前方物体的形状是圆形的），并进一步抽象。

CNN 在不需要过多预处理的情况下，能够直接对图像特征进行有效表征。一组或多组前后相连的卷积层和池化层对输入图像进行特征提取，是 CNN 区别于其他网络结构的最大特征。在卷积神经网络的卷积层中，神经元仅连接到一些相邻的神经元。在 CNN 的卷积层中，它通常包含几个特征图。每个特征图由排列成矩形的一些神经元组成，具有相同特征图的神经元共享权重。卷积内核通常以随机十进制矩阵的形式初始化，并且在网络训练过程中，卷积内核将学习合理的权重。分配权重（卷积内核）的直接好处是减少网络各层之间的连接，同时降低了过拟合的风险。子采样也称为池化，通过均值或最大值降低输出特征图的尺度。卷积和二次采样极大地简化了模型的复杂性，并减少了模型的参数。

10.5.2 CNN 的基本组成结构

图 10-16 所示为 CNN 含有 3 种类型的神经网络层。

1. 卷积层

卷积层是卷积神经网络最基础的一部分。在图像识别中，我们提到的卷积是二维卷积，即离散的二维滤波器和二维图像被卷积。二维过滤器可以看作一个移动的窗口，移动到每个像素点上，并对每个位置的像素及其领域像素进行内积运算。如图 10-17 所示，卷积运算被广泛应用于图像处理领域。不同的卷积核可以提取不同的特征，如边缘、线性和角特征。在深度卷积神经网络中，可以通过多个卷积层的组合来提取图像的特征。

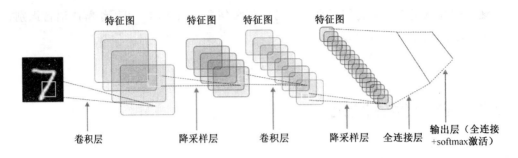

图 10-16 CNN 含有 3 种类型的神经网络层

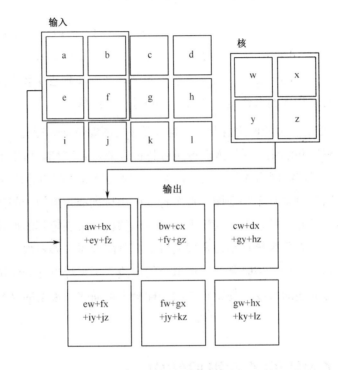

图 10-17 卷积示意图

（1）局部连接：通过感受野的方式呈现，是指每个神经元仅与输入神经元的一块区域相连接。但从深度上讲，它们都是相互联系的。对于二维图像本身的每个像素，与该像素周围的像素点相关性较强。这一性质可确保学习的滤波器对本地输入功能的响应最强。局部连接的思想也受到生物学中视觉系统结构的启发。视觉皮层中的神经元在本地接收信息。

（2）权重共享：共享用于计算相同深度切片的神经元时使用的过滤器。除了缩减参数量，这种共享还具有实际含义，因为过滤器提取的图像特征与特定的位置无关。注意，权重共享仅针对相同深度切片中的神经元。不同的卷积层会使用不同的过滤器，也就是不同的卷积核，保证不同深度的卷积层能学到不同的特征。

2. 池化层

非线性下采样的一种形式，接在卷积层之后，一般采用平均池化或最大池化两种方式，如图 10-18 所示。下采样减小输入给下一层神经网络的特征图像尺寸，从而减少计算参数。同时池化层可以在一定程度上控制网络过拟合。

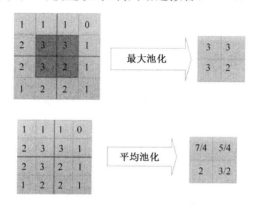

图 10-18　池化示例

3. 全连接层

在一组或多组卷积层和池化层后，通常会接一个或多个全连接层，这些层可以实现高阶推理能力，并在整个卷积神经网络中充当"分类器"角色。如果多组卷积层、池化层和激活功能层是为了提取图像的有效特征，那么全连接层将映射学习到的"分布式特征"表示到样本标签空间。常用的非线性激活函数包括 Sigmoid 型、Tanh、Relu 等，前两个在全链接层中较为常见，而后一种 Relu 在卷积层中较为常见。

10.5.3　卷积神经网络的特点

卷积神经网络在本质上就是一种由输入到输出的映射。只要已知模型就可以训练卷积网络，并且该网络具有在输入和输出对之间进行映射的能力，它就可以学习输入和输出之间的大量映射关系，而无须输入和输出之间的任何精确数学表达式。

CNN 的一个非常重要的特征是输入权重越低，输出权重就越大，呈现出倒三角形的形状，从而避免了 BP 神经网络中的反向传播，以及渐变丢失太快。

优点：共享卷积核，对高维数据处理能力强；无须手动选取特征，训练好权重，即可得到好的特征分类效果。

缺点：需要调整参数，需要大样本量，训练最好要 GPU；物理含义不明确（也就是说，我们并不知道每个卷积层到底提取到的是什么特征，而且神经网络本身就是一种难以解释的"黑箱模型")。

10.6 CNN 实例

10.6.1 前期准备

在导包之前,Python 提供了_future_模块,把下一个新版本的特性导入当前版本,于是就可以在当前版本中测试一些新版本的特性。

```
from __future__ import print_function
```

引入需要的包:数据集(datasets)、序贯(sequential)、全连接层(dense)、Dropout 层、Flatten 层、二维卷积层(Conv2D)、空域信号最大池化层(MaxPooling2D)和后端(backend,这里 keras 的 backend 选用的是 TensorFlow)。

```
import keras
from keras.datasets import mnist
from keras.models import Sequential
from keras.layers import Dense, Dropout, Flatten
from keras.layers import Conv2D, MaxPooling2D
from keras import backend as K
import tensorflow as tf
import numpy as np
```

定义超参数,此参数可调,batch_size 为每次输入神经网络的样本数。可以一次性将全部样本输入神经网络,让神经网络用全部样本计算迭代梯度(传统的梯度下降法),一次只输入一个样本,让神经网络一个样本一个样本地迭代;每次将一部分样本输入神经网络,让神经网络一部分样本一部分样本地迭代(batch 梯度下降法)。

```
batch_size = 128
```

num_classes:指 label 的维度数,这里用 10 维 onehot 编码向量,即 1:[1,0,0,0,0,0,0,0,0,0] 2:[0,1,0,0,0,0,0,0,0,0]。

```
num_classes = 10
```

epochs:所有训练数据完整过一遍的次数。

```
epochs = 12
```

图像尺寸 28×28(input image dimensions)。

```
img_rows, img_cols = 28, 28
```

下载 MNIST 数据集，同时获取训练集、验证集。定义一个方法：

```
def load_data(path='D:/data/mnist.npz'):
```

下载该路径的数据，代码如下：

```
f = np.load(path)
```

创建一个数组的元组存放 x，y，代码如下：

```
x_train, y_train = f['x_train'], f['y_train']
x_test, y_test = f['x_test'], f['y_test']
```

关闭该文件并返回该元组，代码如下：

```
f.close()
return (x_train, y_train), (x_test, y_test)
```

把数据划分给(x_train, y_train), (x_test, y_test)，代码如下：

```
(x_train, y_train), (x_test, y_test) = load_data()
```

在如何表示一组彩色图片的问题上，Theano 和 TensorFlow 发生了分歧，"th"模式，也即 Theano 模式会把 100 张 RGB 三通道的 16×32（高度为 16、宽度为 32）彩色图表示为下面这种形式(100,3,16,32)，Caffe 采取的也是这种方式。第 0 个维度是样本维，代表样本的数目，第 1 个维度是通道维，代表颜色通道数，后面两个就是高度和宽度。这种 Theano 风格的数据组织方法称为"channels_first"，即通道维靠前。而 TensorFlow 的表达形式是(100,16,32,3)，即把通道维放在了最后，这种数据组织方式称为"channels_last"。

```
if K.image_data_format() == 'channels_first':
    x_train = x_train.reshape(x_train.shape[0], 1, img_rows, img_cols)
    x_test = x_test.reshape(x_test.shape[0], 1, img_rows, img_cols)
    input_shape = (1, img_rows, img_cols)
else:
    x_train = x_train.reshape(x_train.shape[0], img_rows, img_cols, 1)
    x_test = x_test.reshape(x_test.shape[0], img_rows, img_cols, 1)
    input_shape = (img_rows, img_cols, 1)
```

10.6.2 数据预处理

对训练和测试数据进行处理，转为 float。

```
x_train = x_train.astype('float32')
x_test = x_test.astype('float32')
```

对数据进行归一化到 0~1，因为图像数据最大是 255。

```
x_train /= 255
```

```
x_test /= 255
print('x_train shape:', x_train.shape)
print(x_train.shape[0], 'train samples')
print(x_test.shape[0], 'test samples')
```

将标签（label）转换为 one-hot 编码（convert class vectors to binary class matrices）。

```
y_train = keras.utils.to_categorical(y_train, num_classes)
y_test = keras.utils.to_categorical(y_test, num_classes)
```

10.6.3 网络搭建

序贯（sequential）模型是多个网络层的线性堆叠，也就是一条路走到黑。

```
model = Sequential()
```

可以通过向 sequential 模型传递一个 layer 的 list 来构造该模型，也可以通过.add()方法一个一个地将 layer 加入模型。

卷积层 1：一维卷积层（时域卷积 Conv1D 层），用以在一维输入信号上进行邻域滤波。当使用该层作为首层时，需要提供关键字参数 input_shape。例如，(10,128)代表一个长为 10 的序列，序列中每个信号为 128 的向量。而(None,128)代表变长的 128 维向量序列。该层生成将输入信号与卷积核按照单一的空域（或时域）方向进行卷积。若 use_bias=True，则还会加上一个偏置项，若 activation 不为 None，则输出为经过激活函数的输出。

卷积层 2：二维卷积层（对图像的空域卷积 Conv2D 层），该层对二维输入进行滑动窗卷积。当使用该层作为第一层时，应提供 input_shape 参数。例如，input_shape = (128,128,3)代表 128×128 的彩色 RGB 图像。卷积核数目（输出的维度）为 32，卷积核的宽度和长度均为 3，移动步长默认为 1，激活函数为 relu，use_bias，默认有偏置项。keras 的后端是 TensorFlow，所以 data_format 选取的是'channel_last'模式。

```
model.add(Conv2D(32, kernel_size=(3, 3),
         activation='relu',
         input_shape=input_shape))
```

再添加 Conv2D 层，卷积核数目（输出维度）为 64，卷积核长宽均为 3，激活函数还是 relu，use_bias 默认有偏置项。

```
model.add(Conv2D(64, (3, 3), activation='relu'))
```

池化层（pooling 层）的本质其实是下采样。pooling 对于卷积层输出的特征图（feature map）选择均值或最大值的方式减少输出尺寸。输入的 feature map，选择某种方式对其进行压缩。

例如,下列代码就是选择最大值的方式对特征图进行压缩表示的,就是对 feature map 2×2 邻域内的值,选择最大值输出到下一层,这称为 max pooling。其中,pool_size=(2, 2)表示对 feature map 2×2 邻域内选择最大值作为输出,于是一个 $2N×2N$ 的 feature map 被压缩到了 $N×N$。由此可见,pooling 最直接的意义就是减少下一层网络的参数。其次,当输入图像的像素在其邻域内发生微小位移时,池化层可以保证输出的不变性,以此增强鲁棒性。

注意:pooling 的意义,主要有两点。其中一个显而易见,就是减少参数,通过对 feature map 降维,有效减少后续层需要的参数;另一个则是 translation invariance。它表示对于 input,当其中像素在邻域发生微小位移时,pooling layer 的输出是不变的。这就使网络的鲁棒性增强了,有一定抗扰动的作用。

model.add(MaxPooling2D(pool_size=(2, 2)))

dropout layer 的目的是防止 CNN 过拟合,只需要按一定的概率(retaining probability)抑制神经节点输出,达到参数的随机采样。随机采样生成的网络作为本次迭代的目标网络。这样的网络组合可以有 2^n 个(n 为网络参数个数)。这样的更新参数过程,可以保证每次向前迭代的过程随机的"遗忘"一部分特征,从而避免网络模型对训练数据集的过分拟合。

将这个子网络作为此次更新的目标网络。可以想象,如果整个网络有 n 个参数,那么可用的子网络个数为 2^n。并且,当 n 很大时,每次迭代更新使用的子网络基本上不会重复,从而避免了某个网络被过分地拟合到训练集上。

model.add(Dropout(0.25))

Flatten 层用来将输入"压平",即把多维的输入一维化,常用在从卷积层到全连接层的过渡。

model.add(Flatten())

Dense 就是常用的全连接层,所实现的运算是 output = activation(dot(input, kernel)+ bias)。其中,activation 为逐元素计算的激活函数,kernel 为本层的权值矩阵,bias 为偏置向量,只有当 use_bias=True 才会添加。这里输出维度为 128,激活函数为 relu,默认 use_bias 使用偏置项。

model.add(Dense(128, activation='relu'))

再次添加防止全连接层过拟合。目的是防止 CNN 过拟合,只需要按一定的概率来对 weight layer 的参数进行随机采样,将这个子网络作为此次更新的目标网络。

使用的子网络基本上不会重复,从而避免了某一个网络被过分地拟合到训练集上。

model.add(Dropout(0.5))

将 Dense 作为输出层,激活函数为 softmax,输出维度与 label 处理的 one-hot 维度一致，激活函数有 softmax、elu、selu。

```
model.add(Dense(num_classes, activation='softmax'))
model.summary()
```

模型结构如图 10-19 所示。

```
Model: "sequential_1"
_____
Layer (type)                 Output Shape              Param #
=================================================================
conv2d_1 (Conv2D)            (None, 26, 26, 32)        320
_____
conv2d_2 (Conv2D)            (None, 24, 24, 64)        18496
_____
max_pooling2d_1 (MaxPooling2 (None, 12, 12, 64)        0
_____
dropout_1 (Dropout)          (None, 12, 12, 64)        0
_____
flatten_1 (Flatten)          (None, 9216)              0
_____
dense_1 (Dense)              (None, 128)               1179776
_____
dropout_2 (Dropout)          (None, 128)               0
_____
dense_2 (Dense)              (None, 10)                1290
=================================================================
Total params: 1,199,882
Trainable params: 1,199,882
Non-trainable params: 0
```

图 10-19　模型结构

编译：优化器 optimizer，该参数可指定为已预定义的优化器名。深度学习框架已经预定义了一些优化器，如 rmsprop、adagrad，或者一个 optimizer 类的对象。

损失函数 loss：与优化器一样，可以采用框架预定义的损失函数，该参数为模型试图最小化的目标函数，它可为预定义的损失函数名，如 categorical_crossentropy、mse，也可以根据实际目标自定义为一个损失函数。

指标列表 metrics：对分类问题，一般将该列表设置为 metrics=['accuracy']。指标可以是一个预定义指标的名称，也可以是一个用户定制的函数。指标函数应该返回单个张量，或者一个完成 metric_name→metric_value 映射的字典。

```
model.compile(loss=keras.losses.categorical_crossentropy,
              optimizer=keras.optimizers.Adadelta(),
              metrics=['accuracy'])
```

10.6.4　模型训练

fit 函数返回一个 History 的对象，随着训练完一次完整的数据集，也就是一个 epoch

的结束,其 History.history 属性记录了损失函数和其他指标的数值随 epoch 变化的情况,如果有验证集,也包含了验证集的这些指标变化的情况。

batch_size:整数,指通过梯度下降更新一次模型所训练的样本数。指定进行梯度下降时每个 batch 包含的样本数。

epochs:整数,一个 epoch 表示轮询一次完整训练集。通常会设定一个 epoch 的最大值作为超参数,当训练 epoch 数达到最大值时,停止训练。训练终止时的 epoch 值,训练将在达到该 epoch 值时停止,当没有设置 initial_epoch 时,它就是训练的总轮数,否则训练的总轮数为 epochs-inital_epoch。

verbose:日志显示,0 为不在标准输出流输出日志信息,1 为输出进度条记录,2 为每个 epoch 输出一行记录。

validation_data:形式为(x,y)的 tuple,是指定的验证集。

```
model.fit(x_train, y_train,
    batch_size=batch_size,
    epochs=epochs,
    verbose=1,
    validation_data=(x_test, y_test))
```

evaluate 函数按 batch 计算在某些输入数据上模型的误差,返回一个测试误差的标量值(如果模型没有其他评价指标),或者一个标量的 list(如果模型还有其他的评价指标)。model.metrics_names 将给出 list 中各个值的含义。

```
score = model.evaluate(x_test, y_test, verbose=0)
print(model.metrics_names)
print('Test loss:', score[0])
print('Test accuracy:', score[1])
```

使用完模型之后,清空之前 model 占用的内存。

```
K.clear_session()
tf.reset_default_graph()
```

数据样本如图 10-20 所示。

```
Using TensorFlow backend.
x_train shape: (60000, 28, 28, 1)
60000 train samples
10000 test samples
WARNING:tensorflow:From C:\Users\wu\Anaconda3\envs\python3.7\lib\site-packages\tens
```

图 10-20 数据样本

网络结构如 10-21 所示。

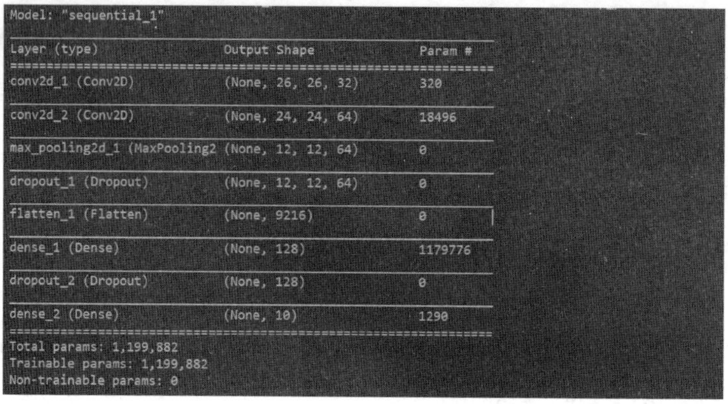

```
Model: "sequential_1"
_________________________________________________________________
Layer (type)                 Output Shape              Param #
=================================================================
conv2d_1 (Conv2D)            (None, 26, 26, 32)        320
_________________________________________________________________
conv2d_2 (Conv2D)            (None, 24, 24, 64)        18496
_________________________________________________________________
max_pooling2d_1 (MaxPooling2 (None, 12, 12, 64)        0
_________________________________________________________________
dropout_1 (Dropout)          (None, 12, 12, 64)        0
_________________________________________________________________
flatten_1 (Flatten)          (None, 9216)              0
_________________________________________________________________
dense_1 (Dense)              (None, 128)               1179776
_________________________________________________________________
dropout_2 (Dropout)          (None, 128)               0
_________________________________________________________________
dense_2 (Dense)              (None, 10)                1290
=================================================================
Total params: 1,199,882
Trainable params: 1,199,882
Non-trainable params: 0
```

图 10-21 网络结构

训练过程的拟合情况，如图 10-22 所示。

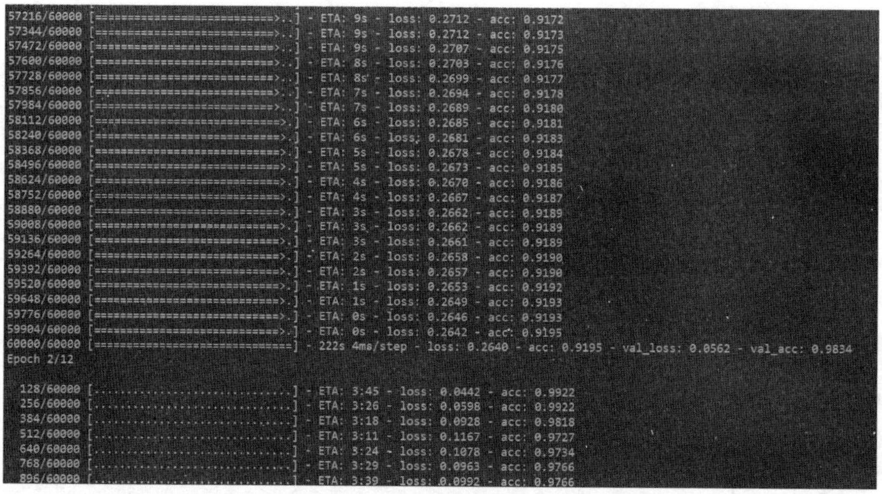

```
57216/60000 [===========================>..] - ETA: 9s - loss: 0.2712 - acc: 0.9172
57344/60000 [===========================>..] - ETA: 9s - loss: 0.2712 - acc: 0.9173
57472/60000 [===========================>..] - ETA: 9s - loss: 0.2707 - acc: 0.9175
57600/60000 [===========================>..] - ETA: 8s - loss: 0.2703 - acc: 0.9176
57728/60000 [===========================>..] - ETA: 8s - loss: 0.2699 - acc: 0.9177
57856/60000 [===========================>..] - ETA: 7s - loss: 0.2694 - acc: 0.9178
57984/60000 [===========================>..] - ETA: 7s - loss: 0.2689 - acc: 0.9180
58112/60000 [============================>.] - ETA: 6s - loss: 0.2685 - acc: 0.9181
58240/60000 [============================>.] - ETA: 6s - loss: 0.2681 - acc: 0.9183
58368/60000 [============================>.] - ETA: 5s - loss: 0.2678 - acc: 0.9184
58496/60000 [============================>.] - ETA: 5s - loss: 0.2673 - acc: 0.9185
58624/60000 [============================>.] - ETA: 4s - loss: 0.2670 - acc: 0.9186
58752/60000 [============================>.] - ETA: 4s - loss: 0.2667 - acc: 0.9187
58880/60000 [============================>.] - ETA: 3s - loss: 0.2662 - acc: 0.9189
59008/60000 [============================>.] - ETA: 3s - loss: 0.2662 - acc: 0.9189
59136/60000 [============================>.] - ETA: 3s - loss: 0.2661 - acc: 0.9189
59264/60000 [============================>.] - ETA: 2s - loss: 0.2658 - acc: 0.9190
59392/60000 [============================>.] - ETA: 2s - loss: 0.2657 - acc: 0.9190
59520/60000 [============================>.] - ETA: 1s - loss: 0.2653 - acc: 0.9192
59648/60000 [============================>.] - ETA: 1s - loss: 0.2649 - acc: 0.9193
59776/60000 [============================>.] - ETA: 0s - loss: 0.2646 - acc: 0.9193
59904/60000 [============================>.] - ETA: 0s - loss: 0.2642 - acc: 0.9195
60000/60000 [==============================] - 222s 4ms/step - loss: 0.2640 - acc: 0.9195 - val_loss: 0.0562 - val_acc: 0.9834
Epoch 2/12

  128/60000 [..............................] - ETA: 3:45 - loss: 0.0442 - acc: 0.9922
  256/60000 [..............................] - ETA: 3:26 - loss: 0.0598 - acc: 0.9922
  384/60000 [..............................] - ETA: 3:18 - loss: 0.0928 - acc: 0.9818
  512/60000 [..............................] - ETA: 3:11 - loss: 0.1167 - acc: 0.9727
  640/60000 [..............................] - ETA: 3:24 - loss: 0.1078 - acc: 0.9734
  768/60000 [..............................] - ETA: 3:29 - loss: 0.0963 - acc: 0.9766
  896/60000 [..............................] - ETA: 3:39 - loss: 0.0992 - acc: 0.9766
```

图 10-22 训练过程的拟合情况

10.7 RNN 实例

10.7.1 前期准备

导入所依赖的相关包，代码如下。

```
import numpy as np
np.random.seed(1337)  # for reproducibility

from keras.datasets import mnist
```

```
from keras.utils import np_utils
from keras.models import Sequential
from keras.layers import SimpleRNN, Activation, Dense
from keras.optimizers import Adam
```

设置超参数：超参数的值不是通过算法学出来的，而是人通过经验设定的。设置步长（TIME_STEPS）为28，输出数据维度（INPUT_SIZE）为28，批次大小（BATCH_SIZE）为50，批次索引（BATCH_INDEX）为0，输出大小（OUTPUT_SIZE）为10，CELL_SIZE为隐藏层状态变量State的维度。

```
TIME_STEPS = 28
INPUT_SIZE = 28
BATCH_SIZE = 50
BATCH_INDEX = 0
OUTPUT_SIZE = 10
CELL_SIZE = 50
LR = 0.001
```

定义一个方法下载数据：

```
def load_data(path='D:/data/mnist.npz'):
    f = np.load(path)
```

创建元组存放x，y，代码如下：

```
x_train, y_train = f['x_train'], f['y_train']
x_test, y_test = f['x_test'], f['y_test']
```

关闭该文件，代码如下：

```
f.close()
return (x_train, y_train), (x_test, y_test)
```

把下载的数据划分给训练集和测试集后做返回：

```
(x_train, y_train), (x_test, y_test) = load_data()
```

对数据进行预处理，代码如下：

```
x_train = x_train.reshape(-1, 28, 28) / 255.
x_test = x_test.reshape(-1, 28, 28) / 255.
y_train = np_utils.to_categorical(y_train, num_classes=10)
y_test = np_utils.to_categorical(y_test, num_classes=10)
```

10.7.2 创建RNN模型

创建序列模型：

```python
model = Sequential()        #用 Sequential()函数创建模型
#batch_input_spape 函数就是在后面处理批量的训练数据时它的大小，有多少个时间点，每个时间点有多少个像素
model.add(SimpleRNN(
    batch_input_shape=(None, TIME_STEPS, INPUT_SIZE),
    output_dim=CELL_SIZE,
    unroll=True,
))
#加 Dense 输出层
model.add(Dense(OUTPUT_SIZE))
model.add(Activation('softmax'))
#定义优化器
adam = Adam(LR)
model.compile(optimizer=adam,
    loss='categorical_crossentropy',
    metrics=['accuracy'])
#对数据进行训练
for step in range(4001):
    x_batch = x_train[BATCH_INDEX: BATCH_INDEX+BATCH_SIZE, :, :]
    y_batch = y_train[BATCH_INDEX: BATCH_INDEX+BATCH_SIZE, :]
    cost = model.train_on_batch(x_batch, y_batch)
    BATCH_INDEX += BATCH_SIZE
    BATCH_INDEX = 0 if BATCH_INDEX >= x_train.shape[0] else BATCH_INDEX
    if step % 500 == 0:
        score = model.evaluate(x_test, y_test, batch_size=y_test.shape[0], verbose=False)
        print('Test loss:', score[0])
        print('Test accuracy:', score[1])
```

测试精度如图 10-23 所示。

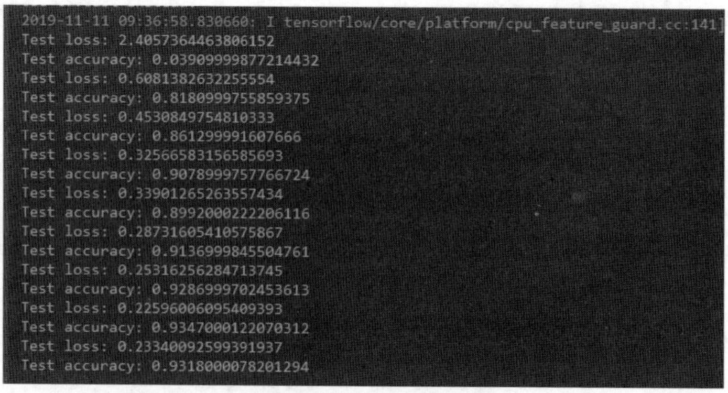

图 10-23　测试精度